数控加工编程与操作

主编◎祁　琦　张　涛　孙晓东

SHUKONG JIAGONG BIANCHENG YU CAOZUO

航空工业出版社

北　京

内 容 提 要

本书由知识库和工作页两部分构成。工作页中涉及的知识点，在知识库中均有提及。数控车削工作页包括数控车床的基本操作、轴类零件加工、盘套类零件加工和零件综合加工 4 个情境模块 14 个任务，数控铣削工作页包括数控铣床的基本操作、轮廓零件加工和零件综合加工 3 个情境模块 12 个任务。每个情境模块中的任务由易到难，注重学生解决问题的锻炼和学习方法的掌握。

本书既可用于机械类和近机械类专业师生使用，也可供企业和社会人士参考使用。教师可以根据学时和学生的学习程度自主选择所学习的项目和任务，使用灵活方便。

图书在版编目（CIP）数据

数控加工编程与操作 / 祁琦，张涛，孙晓东主编
. —北京：航空工业出版社，2024.3
ISBN 978-7-5165-3703-9

Ⅰ.①数⋯ Ⅱ.①祁⋯②张⋯③孙⋯ Ⅲ.①数控机床 – 程序设计②数控机床 – 操作 Ⅳ.① TG659

中国国家版本馆 CIP 数据核字（2024）第 056529 号

数控加工编程与操作
Shukong Jiagong Biancheng yu Caozuo

航空工业出版社出版发行
（北京市朝阳区京顺路 5 号曙光大厦 C 座四层 100028）
发行部电话：010-85672666 010-85672683

北京荣玉印刷有限公司印刷 全国各地新华书店经售
2024 年 3 月第 1 版 2024 年 3 月第 1 次印刷
开本：787 毫米 ×1092 毫米 1/16 字数：473 千字
印张：20.5 定价：59.80 元

编委会名单

主 编　祁 琦　张 涛　孙晓东

副主编　胡 艳

参 编　温莉敏　王 红　黄遵文　罗 勇　卜士军

前　言

　　本书以数控编程与加工课程标准以及数控车削、数控铣削加工职业技能等级标准为依据，遵循学生职业能力培养的基本规律，按照数控加工领域工作岗位能力要求设置教材内容，突出行动能力本位的教学理念，注重对学生的知识、技能和职业素养的培养。

　　本书引进"双元制"教学模式，在职业技能培养方式上，以现代"学徒制"为载体，提倡行动导向教学法。这种教学方式将课堂还给学生，以完成任务为目标，通过任务这一载体，使学生在完成任务的过程中掌握相关知识和技能。本书还结合"双元制"培训的经验，以学生自我学习为导向，以"工作页"为呈现形式，体现"六步教学法"的教学过程。

　　本书是安徽省高校优秀青年人才基金（gxyq2020117）和安徽省职业教育提质培优行动——职业教育规划教材项目成果，以及安徽省质量工程高水平教材建设项目（2022gspjc062）。本书以培养学生的数控加工工艺与程序编制技能为核心，结合现代机械装备制造业"数控编程和数控机床操作"的核心岗位能力要求，融合数控车铣加工"1+X"证书中级要求，以行业常用零件为载体，以FANUC数控系统为基本教学环境，按照"以学生为中心、学习成果为导向、促进自主学习"的思路进行教材开发设计。

　　本书特色如下。

　　（1）采用"双元制"教学模式，对接数控车铣加工职业技能等级标准，参照数控车削、数控铣削操作工（高级）的要求和"1+X"数控车铣加工职业技能等级的要求，按技能考核鉴定点编排设计。按照岗课赛证综合育人培养要求，培养符合数控车铣机械工要求的技能人才。训练内容首先对图样进行分析，然后按照"六步教学法"进行编排，学生通过六个步骤完成整个工作任务。

　　（2）改变传统的知识点和例题混合在一起编写的模式，将专业知识按照工艺、刀具、编程指令、测量和生产维护五个方向，单独编写成工作手册式知识库，知识库中列出了工作任务中涉及的相关理论知识，供学生在自我学习的过程中查阅。

　　（3）教学内容模块化，工作页部分都是以活页式呈现的，教师可以根据自己的教学要求和课时分配，自由安排工作任务。

　　（4）本书落实"立德树人"的根本任务，贯彻《高等学校课程思政建设指导纲要》和党的二十大精神，以科技报国的家国情怀和精益求精的大国工匠精神为主线，挖掘思政内容，全书融入职业素养元素，将专业知识与思政教育有机结合，推动价值引领、知识传授和能力培养紧密结合，践行"立德树人"的教育理念。

此外，本书编者还为广大一线教师提供了服务于本书的教学资源库，有需要者可致电 13810412048 或发邮件至 2393867076@qq.com。

本书由祁琦、张涛、孙晓东担任主编，胡艳担任副主编，温莉敏、王红、黄遵文、罗勇、卞士军参与编写，全书由祁琦负责统稿。

本书的编写得到了苏州健雄职业技术学院岳向阳教授的大力支持，淮河能源集团正高级工程师罗勇、淮南平安开诚智能安全装备有限责任公司高级工程师黄遵文、卞士军也对本书提出了很多宝贵的意见，在此表示衷心感谢。

本书的编写和研究工作，还得到了安徽省自然科学基金面上项目（2108085ME155）资助。

由于时间仓促，编者水平有限，书中存在的疏漏之处，敬请广大读者批评、指正。

知识库目录

上篇

数控车削篇

学习目标

知识目标

① 了解数控车床的分类和结构。

② 熟悉数控车削加工的工作步骤。

③ 掌握数控车削加工程序的编制方法。

④ 掌握数控车削加工工艺参数和工艺路线选择的原则。

能力目标

① 能正确判断数控车床的坐标系。

② 会根据零件的技术要求合理制订零件的数控加工工艺，具备较复杂零件数控车削加工工艺安排能力。

③ 会车削加工基本指令、固定循环指令、复合循环指令等数控指令的格式及应用，能编制较复杂零件的数控加工程序。

④ 会正确选用刀具和夹具。

⑤ 会编制数控车削较复杂零件的工艺文件。

素质目标

① 具备积极进取的工作态度和职业操守，爱护设备，保证工作质量。

② 能够与他人良好沟通，共同完成任务，具备团队合作精神。

③ 有自我学习和自我提高的意识，具备持续学习的能力。

④ 具备安全意识，遵守安全操作规程，确保工作过程中的安全。

知识一 数控车床工艺知识

一、数控车床类型

数控车床有多种分类方法，最常见的分类方法有以下四种。

1

（一）按主轴布置方式分类

按主轴布置方式分类，数控车床可分为卧式数控车床、立式数控车床两大类（见表 1-1）。卧式数控车床又分为水平导轨式和倾斜导轨式两种。

表 1-1　数控车床按主轴布置方式分类

类别		图片	特点
卧式数控车床	水平导轨式		卧式数控车床的主轴水平放置，主要用来车削轴类、套类零件
	倾斜导轨式		导轨倾斜放置，车床刚性大，加工时容易排屑
立式数控车床			立式数控车床的主轴垂直放置，主要用来车削大型的盘类零件。一般工作台的直径大于 1000 mm

（二）按数控系统分类

按数控系统分类，常见的数控车床有 FANUC（发那科）数控系统车床、SINUMERIK（西门子）数控系统车床、华中数控系统车床、广州数控系统车床等。每种数控系统又有多种型号，每种型号会有细微差别，在使用前请查阅车床使用手册。

（三）按控制方式分类

按控制方式分类，数控车床可分为开环控制系统数控车床、半闭环控制系统数控车床、闭环控制系统数控车床。

（四）按功能分类

按功能分类，数控车床可分为经济型数控车床、全功能数控车床、车削加工中心和柔性制造单元。

二、数控车床结构

数控车床主要由机床主体、控制系统、伺服系统和测量调节系统、辅助系统等组成（见表1-2）。

表 1-2　数控车床的结构

组成部分		图片	说明
数控车床	机床主体		机床主体包括床身、底座、立柱、横梁、滑座、工作台、主轴箱、进给机构、刀架及自动换刀装置等机械部件
	控制系统		控制系统是数控车床的核心，其功能是接受输入的加工信息，经过系统软件和逻辑电路的译码、运算和逻辑处理，向伺服系统发出相应的脉冲，通过伺服系统控制车床运动部件按加工程序指令运动
	伺服系统和测量调节系统		伺服系统包括伺服驱动装置和执行机构两大部分。驱动装置由主轴驱动单元、进给驱动单元、主轴伺服电动机和进给伺服电动机组成。测量调节系统将数控车床各坐标轴的实际位移值检测出来，通过反馈系统输入车床的数控装置中
	辅助系统		辅助系统包括气动、液压装置，排屑装置，冷却、润滑装置，防护、照明装置

三、数控车床加工范围

数控车床主要用于轴类、套类、盘类等回转体零件的加工（如各种内外圆柱面、内外圆锥面、螺纹的加工，以及切槽等工序），还可用于普通车床上很难完成的各种曲线构成的回转面、非标准螺纹、变螺距螺纹等的表面加工。

四、数控机床控制面板

数控机床控制面板（见图1-1）是数控机床的重要组成部分，是操作人员与数控机床（系统）进行交互的工具，操作人员可以通过它对数控机床（系统）进行操作、编程、调试，对机床参数进行设定和修改，还可以通过它了解、查询数控机床（系统）的运行状态，是数控机床特有的一个输入、输出部件。其主要由显示装置、NC 键盘（数字控制键盘，功能类似于计算机键盘的按键阵列）、控制键盘等部分组成。

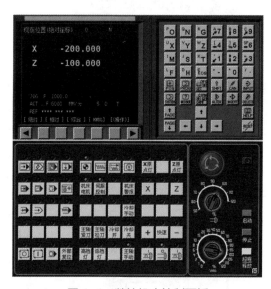

图 1-1　数控机床控制面板

（一）显示装置

数控系统通过显示装置为操作人员提供必要的信息。根据系统所处的状态和操作命令，显示的信息可以是正在编辑的程序、正在运行的程序、机床的加工状态、机床坐标轴的指令、实际坐标值、加工轨迹的图形仿真、故障报警信号等。FANUC 0i 系统CRT（阴极射线管）界面如图1-2 所示。

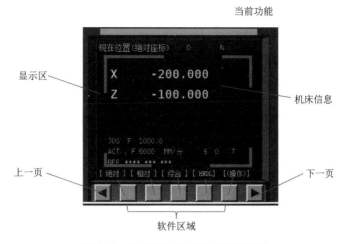

图 1-2　FANUC 0i 系统 CRT 界面

（二）NC 键盘

NC 键盘包括 MDI（手动输入模式）键盘及软键功能键等，MDI 键盘如图 1-3 所示。通过 MDI 键盘可以实现数控加工程序的输入与编辑、刀补参数输入、工件坐标系设定等操作。按键功能说明如表 1-3 所示。

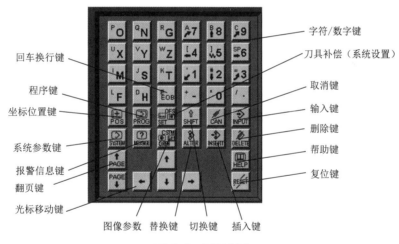

图 1-3　MDI 键盘

表 1-3　MDI 键盘中各按键的功能说明

按键	中文名	功能说明
RESET	复位键	按下此键，复位 CNC（数控机床）系统，包括取消报警、主轴故障复位、中途退出自动操作循环和输入、输出过程等
INPUT	输入键	除程序编辑方式以外的情况，当面板上按下一个字母或数字键以后，必须按下此键才能输入 CNC 内
CURSOR	光标移动键	用于在 CRT 页面移动当前光标

续表

按键		中文名	功能说明
PAGE		翻页键	用于 CRT 屏幕选择不同的页面
POS		坐标位置键	在 CRT 上显示机床当前的坐标位置
PROG		程序键	在编辑模式下，编辑和显示系统的程序；在 MDI 模式下，输入和显示 MDI 数据
OFFSET/ SETTING		刀具补偿（系统设置）	坐标系设置和刀具补偿参数设置
DGNOS/ PRARM		自诊断参数键	设定和显示参数表及自诊表的内容
MESSAGE		报警信息键	按下此键显示报警信息
CUSTOM / GRAPH		图像参数	图像显示功能，用于显示加工轨迹
SYSTEM		参数信息键	显示系统参数信息
MESSAGE		错误信息键	显示系统错误信息
ALTER	编辑键	替换键	用输入域内的数据替代光标所在的数据
DELET		删除键	删除光标所在的数据
INSRT		插入键	将输入域之中的数据插入到当前光标之后的位置
CAN		取消键	取消输入域内的数据
EOB		回车换行键	结束一行程序的输入并且换行

（三）控制键盘

控制键盘集中了系统的所有按钮，如图 1-4 所示。这些按钮用于直接控制机床的动作或加工过程，如启动、暂停零件程序的运行，手动进给坐标轴，调整进给速度等。按键功能说明如表 1-4 所示。

图 1-4　控制键盘

表 1-4　控制键盘主要按键功能说明

类别	图标	含义	功能说明
模式选择按键		自动运行模式（AUTO）	按下此键，机床进入自动加工模式
		编辑模式（EDIT）	按下此键，机床进入程序编辑状态
		MDI 模式（MDI）	按下此键，机床进入 MDI 模式，手动输入并执行指令
		文件传输键	通过 RS232 接口把数控系统与计算机相连并传输文件
		回零模式（REF）	按下此键，机床进入回零模式
		手动进给模式（JOG）	按下此键，机床进入手动模式，通过手动连续移动各轴
		增量进给模式（INC）	按下此键，机床进入手动脉冲控制模式
		手轮控制模式（HANDL）	按下此键，机床进入手轮控制模式
自动运行模式下的按键		单段执行键	按下此键，运行程序时每次执行一条数控指令
		程序跳段键	按下此键，程序运行时跳过符号"/"有效，该行不执行
		选择停止键	按下此键，程序中 M01 代码有效
		示教键	按下此键，可进行示教
		机床锁定键	按下此键，机床各轴被锁定
		空运行	按下此键，各轴以固定的速度运动
加工控制键		进给保持键	数控程序在运行时，按下此键，程序停止执行；再单击循环启动键，程序从暂停位置开始执行
		循环启动键	按下此键，程序开始运行，仅在自动运行或 MDI 模式下有效
		循环停止键	数控程序在运行时，按下此键，程序停止执行；再单击循环启动键，程序从开头重新执行
主轴控制键		主轴正转键	手动模式下按下此键，主轴正转
		主轴停转键	手动模式下按下此键，主轴停转

类别	图标	含义	功能说明
主轴控制键	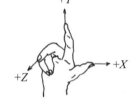	主轴反转键	手动模式下按下此键，主轴反转
	X	X方向键	手动模式下按下此键，机床将向X轴方向移动
	Y	Y方向键	手动模式下按下此键，机床将向Y轴方向移动
	Z	Z方向键	手动模式下按下此键，机床将向Z轴方向移动
	快速	快速移动键	手动模式下，同时按住此键和一个坐标轴方向键，坐标轴以快速进给速度移动

五、机床坐标系

右手笛卡尔坐标系：在数控编程中，机床坐标系采用右手笛卡尔坐标系原则，如图 1-5 所示，右手拇指、食指和中指相互垂直，拇指指向 +X 方向，食指指向 +Y 方向，中指指向 +Z 方向。

机床坐标轴确定原则如下。

（1）我们规定在数控机床上，不论是刀具运动还是工件运动，一律看作工件相对静止，刀具运动。

图 1-5 右手笛卡尔坐标系

（2）各坐标轴确定顺序为 Z、X、Y。

① 与机床主轴轴线平行的坐标轴为 Z 轴，正方向为刀具远离工件的方向。

② X 轴平行于工件的装夹平面且垂直于 Z 轴，正方向为刀具远离工件的方向。

③ 最后根据右手笛卡尔坐标系原则确定 Y 轴。

卧式数控车床机床坐标系如下。

（1）前置刀架坐标系：刀架与操作者在同一侧，水平导轨的经济型数控车床常采用前置刀架坐标系，X 轴正方向指向操作者，如图 1-6 所示。

（2）后置刀架坐标系：刀架与操作者不在同一侧，倾斜导轨的全功能型数控车床和车削中心常采用后置刀架坐标系，X 轴正方向背向操作者，如图 1-7 所示。

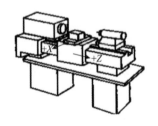

图 1-6 前置刀架坐标系

图 1-7 后置刀架坐标系

六、机床原点与机床参考点

(一) 机床原点

机床原点又称为机械原点，是机床坐标系的原点。该点是机床上一个固定的点，其位置是由机床设计单位和机床制造单位确定的，通常不允许用户改变。机床原点是工件坐标系和机床参考点的基准点，也是制造和调整机床的基础。其作用是使机床与控制系统同步，建立测量机床运动坐标的起始点。

数控车床的机床原点一般位于卡盘端面与主轴中心线的焦点上，或离卡爪端面一定距离处，或机床参考点处。数控铣床的机床原点一般设在各坐标轴的极限位置处，即各坐标轴的正向极限位置或负向极限位置。

(二) 机床参考点

机床参考点也是机床上一个固定的点，它与机床原点之间有一确定的相对位置，其位置由机械挡块确定。机床参考点已由机床制造厂测定后输入数控系统，并且记录在机床说明书中，用户不得更改。

我们在操作大多数数控机床上电时并不知道机床原点的位置，所以开机第一步总是先进行返回参考点（即所谓的机床回零）操作，使刀具或工作台退回到机床参考点。开机后先回参考点是为了建立机床坐标系，并确定机床坐标系原点的位置，即机床原点是通过机床参考点间接确定的。

当机床回零操作完成后，显示器即显示出机床参考点在机床坐标系中的坐标值，表明机床坐标系已自动建立。该坐标系一经建立，只要不断电，将永久保持不变。

机床参考点与机床原点的距离由系统参数设定，其值可以是零。如果其值为零，则表示机床参考点和机床原点重合，回零操作完成后，显示坐标值为 (0,0,0)。也有些数控机床的机床原点与机床参考点不重合，则回零操作完成后显示的坐标值是系统参数中设定的距离值。

七、工件坐标系与工件原点

(一) 工件坐标系

机床坐标系的建立保证了刀具在机床上正确运动。但是，由于加工程序的编制通常是针对某一工件根据零件图样进行的，为便于编程，加工程序的坐标原点一般都与零件图样的尺寸基准相一致，因此，编程时还需要建立工件坐标系。

所谓工件坐标系，是由编程人员根据零件图样及加工工艺，以零件上某一固定点为原点建立的坐标系，又称为编程坐标系或工作坐标系。工件坐标系各坐标轴的方向与机床坐标系一致。

工件坐标系一般供编程使用，确定工件坐标系时不必考虑工件在机床上的实际装夹位置。工件坐标系一旦建立便一直有效，直到被新的工件坐标系取代。

（二）工件原点

工件原点即工件坐标系的原点，其位置根据工件的特点人为设定，也称编程原点。工件坐标系的原点选择要尽量满足编程简单、尺寸换算少、引起的加工误差小等条件。

数控车床的工件原点一般选在工件右端面或左端面与主轴轴线的交点上。

在数控铣床上加工零件时，工件原点应选在零件的尺寸基准上，以便于坐标值的计算。对于对称零件一般以对称中心作为 XY 平面的工件原点；对于非对称零件，一般取进刀方向一侧零件外轮廓的某个垂直交角处作为工件原点，以便于计算坐标值；Z 轴方向的工件原点通常设在零件的上表面，并尽量选在精度较高的零件表面上，如图 1-8 所示。

对称零件　　　　　　　　　　　不对称零件

图 1-8　对称零件与不对称零件工件原点的选取

八、对刀

在加工前，首先应该确定工件原点在机床坐标系中的位置，即建立工件坐标系与机床坐标系之间的关系。工件原点的确定就是通过对刀操作完成的。对刀操作的过程如下。

（1）刀具 Z 方向对刀。主轴正转，切换手动模式，移动刀具车削工件右端面，再按"+X"键退出刀具（刀具 Z 方向不能移动），按 [OFS/SET] 键，再按"坐标系"软键，将光标移至 G54 的 Z 轴数据，输入"Z0"，按"测量"软键，完成 Z 轴对刀。

（2）刀具 X 方向对刀。主轴正转，切换手动模式，移动刀具车削外圆（长 2~5 mm），切削厚度尽量小，再按"+Z"键退出刀具（刀具 X 方向不能移动）。停机测量车削后外圆直径，得到直径值。按 [OFS/SET] 键，再按"坐标系"软键，将光标移至 G54 的 X 轴数据，输入直径值，按"测量"软键，完成 X 轴对刀。

九、工件的装夹

（一）定位基准的选择

在数控车削中，应尽量让零件在一次装夹下完成大部分甚至全部表面的加工。对于轴类零件，通常以零件自身的外圆柱面作为定位基准；对于套类零件，通常以内孔作为定位基准。

（二）常用车削夹具和装夹方法

在数控车床上装夹工件时，应使工件相对于车床主轴轴线有一个确定的位置，并且使工件在各种外力的作用下仍能保持其本来位置。数控车床常用装夹方法如表1-5所示。

表1-5　数控车床常用装夹方法

序号	装夹方法	特点	适用范围
1	三爪卡盘	夹紧力较小，夹持工件时一般不需要找正，装夹速度较快	适用于装夹中小型圆柱形、正三边形或正六边形工件
2	四爪卡盘	夹紧力较大，装夹精度较高，不受卡爪磨损的影响，但夹持工件时需要找正	适用于装夹形状不规则或大型的工件
3	两顶尖及鸡心夹头	用两端中心孔定位，容易保证定位精度，但由于顶尖细小，装夹不够牢靠，不宜用大的切削用量进行加工	适用于装夹轴类零件
4	一夹一顶	定位精度较高，装夹牢靠	适用于装夹轴类零件
5	中心架	配合三爪卡盘或四爪卡盘来装夹工件，可以防止工件弯曲变形	适用于装夹细长的轴类零件
6	心轴与弹簧卡头	以孔为定位基准，用心轴装夹工件来加工外表面，也可以以外圆为定位基准，采用弹簧卡头装夹工件来加工内表面，工件的位置精度较高	适用于装夹内、外表面的位置精度要求较高的套类零件

十、切削用量的选择

车削加工是通过切削运动和进给运动完成的，如图1-9所示。切削速度 V_c 的量实际上取决于工件材料的强度以及切削材料的耐磨强度和耐热强度。进给量 f 是刀具在工件旋转一周时前行的距离。粗加工时进给量大，精加工时进给量小。切削深度 a_p 可通过切削深度进给量进行调节。数控车削加工中的切削用量包括背吃刀量、主轴转速或切削速度、进给量或进给速度。切削用量在机床给定的允许范围内应按以下方法选取。

图1-9　车削时的切削用量

（1）背吃刀量（切削深度）a_p 的确定：切削深度可由切削比例 $G = a_p/f$ 确定。但只在加入所使用刀具、切削方法、机床和待加工工件材料等具体内容后才能确定数值。当切削比例 $G = 2 ：1\sim10：1$ 时，才有利于切屑形成。切削材料专用切削比如表1-6所示。

表 1-6 切削材料专用切削比

切削材料	粗车	精车
硬质合金（焊接）	10 ∶ 1	3 ∶ 1
硬质合金（可转位刀片）	8 ∶ 1	5 ∶ 1
金属陶瓷	7 ∶ 1	5 ∶ 1
陶瓷	—	2 ∶ 1

（2）主轴转速 n 的确定：

$$n = \frac{1000V_c}{\pi \cdot d} \ (\text{r/min})$$

式中，V_c 为切削速度（m/min），d 为零件待加工表面的直径（mm）。

主轴转速的数值与工件直径及切削速度有关。在确定主轴转速时，首先确定切削速度 V_c，而切削速度 V_c 又与背吃刀量和进给量有关。车削加工时的切削速度如表 1-7 所示。

表 1-7 车削加工时的切削速度

零件材料	抗拉强度或硬度	刀具材料	粗加工时的切削速度 /m · min⁻¹	精加工时的切削速度 /m · min⁻¹
钢	350~400 Mpa	高速钢	40~50	60~75
		硬质合金	130~240	200~300
	430~500 Mpa	高速钢	30~35	50~70
		硬质合金	100~200	220~300
	600~700 Mpa	高速钢	22~28	30~40
		硬质合金	100~150	150~200
	700~850 Mpa	高速钢	18~24	35~40
		硬质合金	70~90	100~130
铸铁	140~190 HB	高速钢	18~25	30~35
		硬质合金	60~90	90~130
锡青铜	65~95 HB	高速钢	40~50	60~75
		硬质合金	250~300	300~400
	95~125 HB	高速钢	30~35	40~50
		硬质合金	150~200	220~300
铝	—	高速钢	150~200	200~250
		硬质合金	600~800	800~1000

（3）进给量 f 的确定：

$$f = \sqrt{8 \cdot R_{th} \cdot r_\varepsilon}$$

式中，R_{th} 为表面理论粗糙度（mm），r_ε 为车刀刀尖半径（mm）。

除了用公式计算进给量，也可以根据零件的表面粗糙度、刀具及工件材料等因素，查阅切削用量表来选取进给量。需要说明的是，切削用量表给出的是每转进给量。硬质合金车刀粗车外圆及端面的进给量如表 1-8 所示，按表面粗糙度选择进给量的参考值如表 1-9 所示。

表 1-8　硬质合金车刀粗车外圆及端面的进给量

工件材料	车刀刀杆尺寸 $(B \times H)$/ (mm × mm)	工件直径 (d)/mm	背吃刀量 /mm				
			≤ 3	3~5	5~8	8~12	>12
			进给量 (f)/mm·r^{-1}				
碳素结构钢、合金结构钢及耐热钢	16 × 25	20 40 60 100 400	0.3~0.4 0.4~0.5 0.5~0.7 0.6~0.9 0.8~1.2	0.3~0.4 0.4~0.6 0.5~0.7 0.7~1.0	0.3~0.5 0.5~0.6 0.6~0.8	0.4~0.5 0.5~0.6	—
	20 × 30 25 × 25	20 40 60 100 400	0.3~0.4 0.4~0.5 0.5~0.7 0.8~1.0 1.2~1.4	0.3~0.4 0.5~0.7 0.7~0.9 1.0~1.2	0.4~0.6 0.5~0.7 0.8~1.0	0.4~0.7 0.6~0.9	0.4~0.6
铸铁及铜合金	16 × 25	40 60 100 400	0.4~0.5 0.5~0.8 0.8~1.2 1.0~1.4	0.5~0.8 0.7~1.0 1.0~1.2	0.4~0.6 0.6~0.8 0.8~1.0	0.5~0.7 0.6~0.8	—
	20 × 30 25 × 25	40 60 100 400	0.4~0.5 0.5~0.9 0.9~1.3 1.2~1.8	0.5~0.8 0.8~1.2 1.2~1.6	0.4~0.7 0.7~1.0 1.0~1.3	0.5~0.8 0.9~1.1	0.7~0.9

注意事项：

①加工断续表面及有冲击的工件时，表内进给量应乘系数 $k = 0.7~0.8$；

②在无外皮加工时，表内进给量应乘系数 $k = 1.1$；

③加工耐热钢及其合金时，进给量不大于 1 mm/r；

④加工淬硬钢时，进给量应减少。当钢的硬度为 44~56 HRC 时，系数 $k = 0.8$；当钢的硬度为 57~62 HRC 时，系数 $k = 0.5$。

表 1-9　按表面粗糙度选择进给量的参考值

工件材料	表面粗糙度 (Ra)/μm	切削速度范围 (V_c) / m·min^{-1}	刀尖圆弧半径 (r_ε) / mm		
			0.5	1.0	2.0
			进给量 (f)/mm·r^{-1}		
铸铁、青铜、铝合金	5~10 2.5~5 1.25~2.5	不限	0.25~0.40 0.15~0.25 0.10~0.15	0.40~0.50 0.25~0.40 0.15~0.20	0.50~0.60 0.40~0.60 0.20~0.35
碳钢及合金钢	5~10	<50 >50	0.30~0.50 0.40~0.55	0.45~0.60 0.55~0.65	0.55~0.70 0.65~0.70
	2.5~5	<50 >50	0.18~0.25 0.25~0.30	0.25~0.30 0.30~0.35	0.30~0.40 0.30~0.50
	1.25~2.5	<50 50~100 >100	0.10 0.11~0.16 0.16~0.20	0.11~0.15 0.16~0.25 0.20~0.25	0.15~0.22 0.25~0.35 0.25~0.35

注意事项：

① $r_\varepsilon = 0.5\,\text{mm}$ ，用于 12 mm × 12 mm 以下刀杆。

② $r_\varepsilon = 1.0\,\text{mm}$ ，用于 30 mm × 30 mm 以下刀杆。

③ $r_\varepsilon = 2.0\,\text{mm}$ ，用于 30 mm × 45 mm 及以上刀杆。

十一、螺纹加工

普通螺纹车削的进刀方法及进给次数如下：

螺纹车刀属于成形车刀，刀具切削面积大，进给量大，切削过程中切削力大，不能一次加工完成，需采用不同的进刀方法，分多次进给切削。如果想提高螺纹表面质量，可增加几次光整加工。

（1）进刀方法。螺纹车削的进刀方法有直进法、斜进法、左右切削法。螺纹车削进刀方法如表 1-10 所示。

表 1-10　螺纹车削进刀方法

进刀方法	图示	特点及应用
直进法		切削力大，易扎刀，切削用量低，牙型精度高，适用于 $P < 3\,\text{mm}$ 的普通螺纹的粗加工及 $P \geqslant 3\,\text{mm}$ 的螺纹精加工

进刀方法	图示	特点及应用
斜进法		切削力小，不易扎刀，切削用量大，牙型精度低，表面粗糙度值大，适用于 $P \geqslant 3$ mm 螺纹的粗加工
左右切削法		切削力小，不易扎刀，切削用量大，牙型精度低，表面粗糙度值小，适用于 $P \geqslant 3$ mm 螺纹的粗、精加工

（2）进给次数及背吃刀量的分配。车削常见螺距的螺纹时，进给次数及背吃刀量的分配如表 1-11 所示。

表 1-11 常见螺距的螺纹切削进给次数及背吃刀量

单位：mm

普通螺纹（牙深 =0.6495P，P 是螺纹螺距）							
螺距	1	1.5	2	2.5	3	3.5	4
牙深	0.649	0.974	1.299	1.624	1.949	2.273	2.598
进给次数和背吃刀量 1 次	0.7	0.8	0.9	1.0	1.2	1.5	1.5
2 次	0.4	0.6	0.6	0.7	0.7	0.7	0.8
3 次	0.3	0.4	0.6	0.6	0.6	0.6	0.6
4 次		0.16	0.4	0.4	0.4	0.6	0.6
5 次			0.1	0.4	0.4	0.4	0.4
6 次				0.15	0.4	0.4	0.4
7 次					0.2	0.2	0.4
8 次						0.15	0.3
9 次							0.2

注：表中的背吃刀量为直径值，进给次数和背吃刀量根据工件材料及刀具的不同可酌情增减。

注意事项：

① 主轴转速使用 G97 控制，不要使用 G96 控制，以免产生乱牙；

② 车螺纹期间，进给速度倍率、主轴速度倍率无效，固定在 100%；

③ 车螺纹时，为防止加工螺纹螺距不均匀，车削螺纹前后，必须设置升速段 L_1 和

降速段 L_2，如图 1-10 所示。

$$L_1 = n \times \frac{P}{400}$$

$$L_2 = n \times \frac{P}{1800}$$

式中，n 为主轴转速，单位为 r/min，P 为螺纹螺距。

L_1 和 L_2 是理论上所需的进刀量和退刀量，实际应用时取值可以比计算值略大。

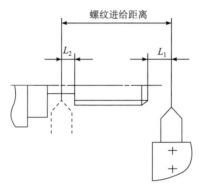

图 1-10　螺纹进给距离

④ 受机床结构和数控系统的影响，车螺纹时主轴的转速有一定的限制，因制造厂商而异。

（3）车外螺纹各主要尺寸的计算如表 1-12 所示。

表 1-12　车外螺纹主要尺寸的计算

理论公式	经验公式	备注
$d_2 = d - 0.6495P$	$d_2 = d - 0.1P$	d 为公称直径； d_1 为外螺纹底径（小径）； d_2 为外螺纹中径； H 为牙深。 车螺纹时，通常采用经验公式
$d_1 = d - 1.0825P$	$d_1 = d - 1.3P$	
$H = 0.6495P$	$H = (d_2 - d_1)/2$	

（4）车螺纹时的主轴转速。主轴转速太低，易产生毛刺；主轴转速太高，挤压变形严重。一般情况下，用高速钢螺纹车刀切削时，主轴转速为 100~150 r/min；用硬质合金焊接式螺纹车刀、可转位式螺纹车刀切削时，主轴转速为 300~400 r/min。

（5）螺纹切削注意事项。

① 螺纹切削时进给量大，切削力大，故工件和刀具装夹应牢固。

② 螺纹刀安装时，刀尖必须对准工件中心，必要时用样板对刀，以保证刀尖角平分线与工件的轴线垂直，螺纹牙型角不偏斜。

③ 螺纹加工时需多刀加工，为防止切削力过大损坏刀具，或者在切削过程中引起振颤，在导程小于 3 mm 时采用"直进法"加工，尽可能避免采用"斜进法"加工。

④ 为保证螺纹加工精度，应考虑螺纹加工的切入量和切出量。

⑤ 螺纹加工时需加冷却液进行冷却润滑。

⑥ 螺纹加工完毕，需用螺纹环规等进行检测。

十二、外圆柱面加工方案

根据毛坯的制造精度和工件的加工要求，外圆柱面车削一般可分为粗车、半精车、精车、精细车。粗车的目的是切去毛坯硬皮和大部分余量。加工后工件尺寸精度为 IT11~IT13 级，表面粗糙度 Ra12.5~50 μm。半精车的尺寸精度可达 IT8~IT10 级，表面粗糙度 Ra3.2~6.3 μm。半精车可作为中等精度表面的终加工，也可作为磨削或精加工的预加工。精车后的尺寸精度可达 IT7~IT8 级，表面粗糙度 Ra0.8~1.6 μm。精细车后的尺寸精度可达 IT6~IT7 级，表面粗糙度 Ra0.025~0.4 μm。精细车尤其适合于有色金属加工，有色金属一般不宜采用磨削，所以常用精细车代替磨削。

因此，可选择以下加工方案。

（1）加工精度为 IT8~IT10 级、Ra3.2~6.3 μm 的除淬火钢以外的常用金属，可采用普通型数控车床，按粗车、半精车的方案加工。

（2）加工精度为 IT7~IT8 级、Ra0.8~1.6 μm 的除淬火钢以外的常用金属，可采用普通型数控车床，按粗车、半精车、精车的方案加工。

（3）加工精度为 IT6~IT7 级、Ra0.025~0.4 μm 的除淬火钢以外的常用金属，可采用精密型数控车床，按粗车、半精车、精车、精细车的方案加工。

（4）加工精度高于 IT5 级、$Ra < 0.08$ μm 的除淬火钢以外的常用金属，可采用高档精密型数控车床，按粗车、半精车、精车、精细车的方案加工。

（5）对淬火钢等难车削材料，其淬火前可采用粗车、半精车的方法，淬火后安排磨削加工；对最终工序有必要用数控车削方法加工的难切削材料，可参考有关难加工材料的数控车削方法进行加工。

轴类工件的加工方法如下。

（1）车短小的工件时，一般先车某一端面，以便于确定长度方向的尺寸；车铸锻件时，最好先适当倒角后再车削，以免刀尖轻易碰到型砂和硬皮而使车刀损坏。

（2）轴类工件的定位基准通常选用中心孔。加工中心孔时，应先车端面后钻中心孔，以保证中心孔的加工精度。

（3）工件车削后还需磨削时，只需粗车或半精车，注意留磨削余量。

十三、孔加工方案

内孔有不同的精度和表面质量要求，也有不同的结构尺寸，如通孔、盲孔、阶梯孔、深孔、浅孔、大直径孔、小直径孔等。常用的孔加工有钻孔、扩孔、铰孔、镗孔、拉孔、磨孔、研磨孔、珩磨孔、滚压孔等（本书对磨孔、研磨孔、珩磨孔和滚压孔不做讲解）。

（一）钻孔

用钻头在工件实体部位加工孔称为钻孔。钻孔属粗加工，可达到的尺寸公差等级为 IT11~IT12 级，表面粗糙度为 $Ra12.5\ \mu m$。钻孔的工艺特点：钻头容易偏斜，孔径容易扩大，孔的表面质量较差，钻削时轴向力大。因此，当钻孔直径 $d > 30\ mm$ 时，一般分两次进行钻削。第一次钻出（0.5~0.7）d 的孔径，第二次钻到所需的孔径。

（二）扩孔

扩孔是用扩孔钻对已钻出的孔做进一步加工，以扩大孔径并提高精度和降低表面粗糙度。扩孔可达到的尺寸公差等级为 IT10~IT11 级，表面粗糙度为 $Ra6.3~12.5\ \mu m$，属于孔的半精加工方法，常作为铰削前的预加工，也可作为精度不高的孔的终加工。扩孔与钻孔相比有以下特点：刚性较好，导向性好，排屑条件较好。

（三）铰孔

铰孔是对未淬硬孔进行精加工的一种方法。铰孔的尺寸公差等级可达 IT6~IT9 级，表面粗糙度可达 $Ra0.1~3.2\ \mu m$。铰孔的方式有机铰和手铰两种。铰削的余量很小，一般粗铰余量为 0.15~0.25 mm，精铰余量为 0.05~0.15 mm。铰削应采用低切削速度，以免产生积屑瘤和引起振动，一般粗铰 V_c = 4~10 m/min，精铰 V_c=1.5~5 m/min。机铰的进给量可比钻孔时高 3~4 倍，一般可取 0.5~1.5 mm/r。

（四）镗孔

镗孔是一种很经济的孔加工方法，一般广泛应用于单件、小批量生产中。生产中的非标准孔、大直径孔、精确的短孔、不通孔和有色金属孔等，一般多采用镗孔。镗孔既可以作为粗加工，也可以作为精加工；镗孔是修正孔中心线偏斜的有效方法，也有利于保证孔的坐标位置。镗孔的尺寸精度一般可达 IT6~IT9 级，表面粗糙度为 $Ra0.4~3.2\ \mu m$。

（五）拉孔

拉孔是一种高效率的精加工方法。除拉削圆孔外，还可拉削各种截面形状的通孔及内键槽。拉削圆孔可达的尺寸公差等级为 IT7~IT9 级，表面粗糙度为 $Ra0.4~1.6\ \mu m$。

十四、套类工件加工方案

（1）一般把轴套、衬套等零件称为套类零件。为了与轴类工件相配合，套类工件上一般有加工精度要求较高的内轮廓，尺寸精度为 IT7~IT8 级，表面粗糙度要求达到 $Ra0.4~3.2\ \mu m$。

（2）内轮廓加工刀具受到孔径和孔深的限制，刀杆细而长，刚性差。因此对于切削用量的选择，如进给量和背吃刀量的选择较切削外轮廓时的稍小。

（3）内轮廓切削时切削液不易进入切削区域，切屑不易排出，切削温度可能会较高，因此镗深孔时可以采用工艺性退刀，以促进切屑排出。

（4）内轮廓加工工艺常采用钻—粗镗—精镗，孔径较小时也可采用手动方式或MDI（手动输入模式）方式"钻—铰"加工。

（5）大锥度锥孔表面加工可采用固定循环编程或子程序编程，一般直孔和小锥度锥孔采用钻孔后镗削。

（6）工件精度要求较高时，按粗、精加工交替进行内、外轮廓切削，以保证形位精度。

十五、切槽加工方案

（一）槽类工件的加工方法

（1）车槽的刀具，其主切削刃应安装在与车床主轴轴线平行且等高的位置上，过高过低都不利于切削。

（2）切削过程出现切削平面呈凸形、凹形和因切断刀主切削刃磨损及"扎刀"等情况，要注意调整车床主轴转速和进给量。

（3）对外圆切槽加工，如果槽宽比槽深小，宜采用多步切槽的方法。对内沟槽加工，与外圆切槽的方法相似，以确保排屑通畅和振动最小。切削时从底部开始向外进行切削有利于排屑。

（二）外沟槽的车削方法

车削外沟槽时，主要有以下几种情况。切窄直槽的进、退刀方法与切断工件的进、退刀方法相同，采用一次进给切入、切出（见图1-11）。切宽直槽的进刀方法：用切槽刀沿纵向多次粗车，槽侧和槽底留精车余量，最后精车槽侧和槽底（见图1-12）。切V（梯）形槽时，V形槽根据槽尺寸大小采用成形槽刀直进法、左右切削法切削。当V形槽尺寸较小时，用V形槽刀直进法。V形槽也可用直槽刀分3次切削完成，第一刀车直槽，第二刀车右侧V形部分，第三刀车左侧V形部分（见图1-13）。

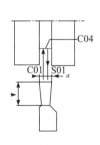

图1-11 窄槽进、退刀方式

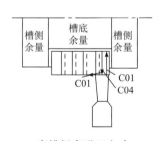
宽槽粗车进刀方式

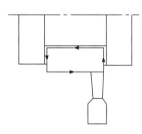
宽槽精车进刀方式

图1-12 宽槽进刀方式

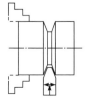
V形槽刀1次直进方式

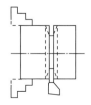
直槽刀分3次进刀切削方式

图1-13 V（梯）形槽进刀方式

（三）内沟槽的车削方法

车削内沟槽时，刀杆直径受孔径和槽深的限制，排屑特别困难，断屑首先要从沟槽内出来，然后再从内孔排出，切屑的排出要经过90°的转弯。因此车削宽度较小和要求不高的内沟槽时，可用主切削刃宽度等于槽宽的内沟槽刀采用直进法一次车出；要求较高或较宽的内沟槽，可采用直进法分几次车出。粗车时，槽壁与槽底留精车余量，然后根据槽宽、槽深进行精车；若内沟槽深度较浅，宽度很大，可用内圆粗车刀先车出凹槽，再用内沟槽刀车沟槽两端垂直面。

1. 切削用量的选择

（1）背吃刀量。当横向切削时，切槽刀的背吃刀量等于刀的主切削刃宽度，所以只需确定切削速度和进给量。

（2）进给量 f。由于刀具刚性、强度及散热条件较差，所以应适当减小进给量。进给量太大时，容易使刀具折断；进给量太小时，刀具与工件产生强烈摩擦会引起振动。一般当用高速钢切槽刀车钢料时，$f = 0.05{\sim}0.1$ mm/r；当用高速钢切槽刀车铸铁时，$f = 0.1{\sim}0.2$ mm/r；当用硬质合金刀加工钢料时，$f = 0.1{\sim}0.2$ mm/r；当用硬质合金刀加工铸铁料时，$f = 0.15{\sim}0.25$ mm/r。

（3）切削速度 V_c。切断时的实际切削速度随刀具的切入越来越低，因此，切断时切削速度可选得高一些。用高速钢切削钢料时，$V_c = 30{\sim}40$ m/min；用高速钢加工铸铁时，$V_c = 15{\sim}25$ m/min。用硬质合金切削钢料时，$V_c = 80{\sim}120$ m/min；用硬质合金刀加工铸铁时，$V_c = 60{\sim}100$ m/min。

2. 刀头与槽深尺寸选择

刀头长度与槽的深度有关：$L = h + （2{\sim}3）$ mm。其中：L 为刀头长度，h 为切入深度。

刀头宽度计算公式：$a = （0.5{\sim}0.6）d$。其中：a 为刀头宽度，d 为待加工表面直径。加工槽宽小于 5 mm 的槽，刀头宽度取槽宽尺寸。

知识二　数控车床刀具知识

一、刀具材料

（一）切削刀具材料必备特性

为使切削刀具具有尽可能大的耐用度，它必须具备下列特性。

（1）耐热硬度高，即刀具的切削刃即使在高温下仍能保持足够高的硬度，以使它能够切入工件材料。

（2）耐磨强度高，即对机械磨耗以及化学和物理影响因素具有高耐受能力。

（3）热疲劳强度高，即便工作温度剧烈变化，刀具也不会出现裂纹。

（4）抗压强度高，可避免切削刃的变形和崩刃。

（5）韧度和抗弯曲强度高，可使刀具的切削刃能够承受瞬间负荷并使锋利的切削刃口不断裂。

（二）高速钢

高速钢（HSS）是一种高合金工具钢，其主要合金元素是钨、钼、钒和钴。例如，HS2-9-1-8 含有 2% 钨（W）、9% 钼（Mo）、1% 钒（V）和 8% 钴（Co）。在所有切削材料中，高速钢的韧度最大，但硬度最小。如果刀具的切削刃要求非常锋利，而切削温度又不是太高时，一般使用高速钢。涂层可以提高高速钢的耐磨强度，并因此提高切削速度。高速钢特性和使用范围如表 1-13 所示。

表 1-13　高速钢特性和使用范围

特性	使用范围
（1）高韧度。 （2）高抗弯曲强度。 （3）制造简单。 （4）硬度低于 70 HRC。 （5）最大耐热硬度达到 600 ℃	麻花钻头、铣刀、拉削刀具、丝锥和板牙、成形刀具、塑料加工刀具，还用于切削力变化幅度很大的切削加工

（三）硬质合金

硬质合金（HM）是一种复合材料，它通过烧结粉末状基础材料制造而成。烧结过程中，硬材料碳化钨与较软的结合剂钴结合。为改善其高温耐磨强度，硬质合金中还加入了碳化钛和碳化钽。硬质合金的成分中，硬金属碳化物的含量一般在 80%~95%。通过改变组分配比、金属粒度以及涂层等方法，使硬质合金几乎可以用于所有工件材料的加工。硬质合金刀具的特性和使用范围如表 1-14 所示。

表 1-14　硬质合金刀具的特性和使用范围

特性	使用范围
（1）高耐热硬度（最大可达 1000 ℃）。 （2）高耐磨强度。 （3）高抗压强度。 （4）减振	用于车刀和铣刀的可转位刀片，镶有可转位刀片的钻头、全硬质合金减振刀片，几乎可以用于所有的工件材料

特性：硬金属碳化物的高含量提高了硬质合金的耐磨强度。而较高含量的结合剂则保证材料具有较高韧度。金属碳化物的颗粒粒度最大可达 10 μm，这将影响硬质合金的硬度和韧度。精细颗粒硬质合金（粒度小于 2.5 μm）具有刀刃强度高和耐磨强度高等特点，用于切削已淬火的工件材料。

涂层：采用各种不同硬质材料涂层，可在提高硬质合金耐磨强度的同时，仍保持其基础材料的韧度。基于这种优点，未涂层的硬质合金将在市场上受到涂层硬质合金越来越强有力的竞争。

分类：我们把硬质合金划分为 P、M、K、N、S 和 H 几个大组。通常是以待切削工件材料作为选择组别的条件。进一步细分时，字母后面附加一个数字，该数字是提示硬质合金适合用途的信息。附加数字越小（例如 P01），硬质合金的耐磨度越大，这一类硬质合金主要用于高速切削的精整加工。硬质合金刀片所带的附加数字越大（例如 P50），表明其韧度越大，因此这类硬质合金适用于粗加工。

硬质合金种类的选择要考虑以下因素：待切削工件材料、加工条件（例如粗加工或精加工）以及硬质合金制造商的推荐。硬质合金的划分如表 1-15 所示。

表 1-15 硬质合金的划分

标记字母	应用组别	工件材料	切削材料特性
P	P01 P10 … P50	所有的钢和铸铁，不包括不锈钢	耐磨强度↑ 韧度↓
M	M01 M10 … M40	不锈钢，（奥氏体和铁素体）铸钢	耐磨强度↑ 韧度↓
K	K01 K10 … K40	片状石墨和球状石墨铸铁，可锻铸铁	耐磨强度↑ 韧度↓
N	N01 N10 … N30	有色金属（铝，铜合金，复合材料）	耐磨强度↑ 韧度↓
S	S01 S10 … S30	耐高温特种合金，钛和钛合金	耐磨强度↑ 韧度↓
H	H01 H10 … H30	淬火钢，淬火铸铁材料	耐磨强度↑ 韧度↓

（四）金属陶瓷

硬质合金在以碳化钛代替碳化钨的基础上，以镍和钴为结合剂所组成的新材料被称为金属陶瓷（Cermet，英文"陶瓷"与"金属"两个单词的缩写组合）。金属陶瓷主要用于车刀和铣刀的可转位刀片。由于金属陶瓷具有极高的耐磨强度和刀刃强度，它特别适用于需要锋利切削刀刃的精整加工。金属陶瓷的特性和使用范围如表 1-16 所示。

表 1-16 金属陶瓷的特性和使用范围

特性	使用范围
（1）高耐磨强度。 （2）高耐热硬度。 （3）切削刃具有高稳定性。 （4）高化学耐抗性	用于铣削和车削加工的可转位刀片，主要用于高速切削的精整加工

（五）陶瓷刀片材料

陶瓷切削材料具有极高的耐热硬度，与所切削的工件材料无任何化学反应。由氧化物陶瓷制成的切削刀片的组成成分是氧化铝（Al_2O_3），对剧烈温度变化不敏感，因此，大部分氧化物陶瓷刀片切削时不使用冷却剂。氧化物陶瓷刀片主要用于铸铁的切削加工。混合陶瓷（Al_2O_3 加上 TiC）比纯陶瓷的韧度高，对温度变化具有更好的耐温变性。氮化硅（SiN）是一种非氧化物陶瓷，具有很高的韧度和刀刃稳定性。氮化硅制成的麻花钻头可以在灰铸铁上高速钻孔。陶瓷刀片的特性和使用范围如表 1-17 所示。

表 1-17 陶瓷刀片的特性和使用范围

特性	使用范围
（1）高硬度。 （2）耐热硬度最高约达 1200℃。 （3）高耐磨强度。 （4）高抗压强度。 （5）高化学耐抗性	加工铸铁和耐热合金，已淬火钢的硬精车，高速切削

（六）聚晶立方氮化硼

立方氮化硼（BN）是切削材料中硬度仅次于金刚石的材料，具有最大的耐热硬度。BN 主要用于硬质工件材料的精整加工（硬度大于 48 HRC），加工后的工件表面质量极高。在许多情况下，可在精加工后取消磨削工序。通过在硬质合金基础材料的表面烧结一层厚约 0.7 mm 的聚晶立方氮化硼（CBN）层，便可获得具有氮化硼耐磨强度并同时具有硬质合金韧度的可转位刀片。立方氮化硼的特性和使用范围如表 1-18 所示。

表 1-18 立方氮化硼的特性和使用范围

特性	使用范围
（1）极高的硬度。 （2）耐热硬度最高约达 2000℃。 （3）高耐磨强度。 （4）高化学耐抗性	硬车：已淬火钢的精整加工，加工后具有极佳的表面质量和极小的公差

（七）聚晶金刚石

聚晶金刚石（DP，PKD）的硬度几乎与天然单晶金刚石相同。它用碳在高温高压下制成。其耐磨强度极高，因此可使刀具达到很高的耐用度。但鉴于聚晶金刚石的脆性，使用时必须控制切削条件的稳定。由于其对温度敏感，切削速度和进给量都不能太大。聚晶金刚石的特性和使用范围如表1-19所示。

表1-19　聚晶金刚石的特性和使用范围

特性	使用范围
（1）最硬的切削材料。 （2）耐热硬度最高达600 ℃。 （3）高耐磨强度。 （4）与钢的合金金属成分有化学反应	切削有色金属和含硅铝合金，用常规刀具加工这类材料会出现过大的机械磨耗

（八）切削刀具的涂层

涂层可提高切削刀具的耐磨强度。而刀具较高的耐热强度可提高切削速度和进给量，从而降低加工成本。最重要的涂层材料是氮化钛（TiN）、碳化钛（TiC）、碳氮化钛（TiCN）、氧化铝（Al_2O_3）和金刚石。涂层可分为单层或多层，涂层厚度为2~15 μm不等。氮化钛由于其低摩擦系数非常适宜作涂层的表面覆盖层。氧化铝可形成极硬的涂层，因此可作为补充隔热层，阻断切屑与基础金属之间的化学反应。碳氮化钛由于其良好的附着特性特别适宜作基础涂层。采用高速钢、硬质合金和金属陶瓷等材料制成的刀具均可做涂层处理。

切削材料涂层的作用：提高耐磨强度；阻止氧化和扩散；针对高速钢或硬质合金基础材料的隔热作用；阻止刀具上形成"刀瘤"。

常用切削刀具选用的材料硬质合金大概占45%，高速钢大概占35%，金属陶瓷大概占8%，陶瓷大概占5%，聚晶立方氮化硼大概占4%，其他切削材料大概占3%。

二、刀具的切削刃几何形状

车刀的切削刃受切削前面和切削后面的限制（见图1-14）。两个面相交的切削刃构成主切削刃。主切削刃位于进给方向并承担主切削任务。它通过整圆的刀尖过渡进入副切削刃。

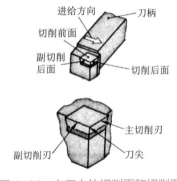

图1-14　车刀上的切削面和切削刃

主切削刃和副切削刃构成刀尖角 ε（见图 1-15）。刀尖角应尽可能大，以便改善切削时的热传导和车刀的稳定性。为了避免切削中断，刀尖应整圆。常规做法是，设置刀尖圆弧半径为 0.4 ~1.6 mm。刀尖圆弧半径 r_ε 和进给量 f 决定着工件的表面粗糙度理论数值 R_{th}。该数值大致相当于表面粗糙深度 R_z（见图 1-16）。

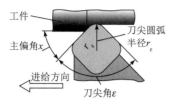

图 1-15　刀尖详图

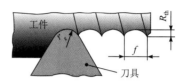

图 1-16　刀尖圆弧半径的影响

表面粗糙度理论数值：

$$R_{th} = \frac{f^2}{8 \cdot r_\varepsilon}$$

举例：举例刀尖圆弧半径 $r_\varepsilon = 0.4$ mm，进给量 $f = 0.1$ mm 时，表面粗糙度理论数值 R_{th} 应为多大？

$$R_{th} = \frac{f^2}{8 \times r_\varepsilon} = \frac{0.1^2}{8 \times 0.4} \approx 0.0031 \, \text{mm} = 3.1 \, \mu\text{m}$$

扩大刀尖角的角度和刀尖圆弧半径，可增加可转位刀片的稳定性能。粗车时，由于切削负荷高，车刀的刀尖角和刀尖圆弧半径均大于精加工时的数值。较大的刀尖圆弧半径在进给量相同的条件下，加工出的工件表面质量要优于较小的刀尖圆弧半径。尽管如此，精整加工时仍多采用小刀尖圆弧半径，因为精整加工一般都采用小进给量进行车削。若采用较大的刀尖圆弧半径，将增大对刀具的挤压力，并对工件产生更强的背向力 F_p（见图 1-17）。这些因素可能导致振动和工件表面质量变差。在数控车床上进行轮廓车削时，工件上待车削的凹处（例如退刀槽）限制着刀尖角 ε 的量。

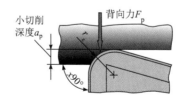

图 1-17　精整加工时的刀尖圆弧半径

粗车时均采用大刀尖角和大刀尖圆弧半径，而精整加工时一般采用小进给量、小刀尖圆弧半径和较高的车削速度。前角 λ 决定着对工件切削面的撞击接触，因此对于切屑走向具有重要意义（图 1-18）。负前角使切屑走向工件表面，而正前角使切屑离开工件表面。若切削不中断，负前角在工件与刀具首次接触时避开了刀尖，从而减少了切削刃崩裂的情况。

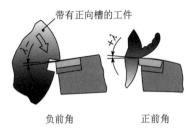

图 1-18　前角

有中断切削以及粗重的粗车削时，规定采用负前角（-4° 至 -8°）。精整加工和内圆车削时，规定采用中性前角或正前角，以避免工件表面被切屑划伤。主偏角 x 是主切削刃与被切削表面之间的夹角。它影响切屑的形状、切屑的中断、振颤的形成。主偏角的大小取决于车刀和工件轮廓，如图 1-19 所示。

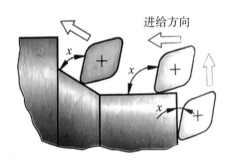

图 1-19　轮廓车削时的车刀主偏角

一般根据各种不同的加工类型选择合适的主偏角（见表 1-20）。

表 1-20　各种加工类型的主偏角 x

用于加工硬质材料和大进给量的精车	用于粗车	用于精加工和内圆车削	用于车轮廓和车退刀槽
大背向力，要求工件、车床和装夹等具有高稳定性	切入时保护刀尖	小背向力，因此工件纵向扭曲变形小，振颤形成的可能性也小	前倾的刀尖有折断危险
$x= 0°\sim30°$	$x= 45°\sim75°$	$x= 90°$	$x>90°$

三、可转位刀片型号表示规则

《切削刀具用可转位刀片型号表示规则》（标准号 GB/T 2076—2021）规定了切削刀具用硬质合金或其他切削材料的可转位刀片的型号表示规则。可转位刀片用 9 个代号

（因为有数字和字母，所以这里的表述为代号）表征刀片的尺寸及其他特征，任何一个型号刀片都必须用前 7 个代号，后 3 个代号在必要时才使用。代号 8 和 9 在需要时添加，代号 10 表示制造商代号或符合 GB/T 2075—2007 切削材料表示代号。对于车刀刀片，代号 10 属于标准要求标注的部分。不论有无代号 8、代号 9，代号 10 都必须用短横线"-"与前面代号隔开，并且其字母不得使用代号 8、代号 9 已使用过的字母，当只使用其中一位时，则写在第 8 号位（这里的号位就是代号的位置）上，中间不需空格。前面 7 个号位是 ISO 标准，每个品牌都一样；代号 8 表示槽型，品牌不同，表示都不一样；代号 9 表示刀片的材质，品牌不同，表示都不一样。具体规则，首先要了解前面 7 个代号。刀片的材质，每个品牌都不一样，它主要决定刀片加工什么材料。前 7 个代号中 1、2、5、6 必须记住，它直接是配刀杆、选型时要用到的，如表 1-21 所示。

表 1-21　可转位刀片型号

1	2	3	4	5	6	7	8	9	10
C	N	M	G	12	04	08	E	N	PF

具体编写规则如表 1-22 所示。

表 1-22　刀片型号编写规则

位数	含义	说明													
1	代号	A	B	C	D	E	H	K	L	M	O	P	R	S	T	V	W
	形状	平行四边形	菱形	菱形	菱形	正六边形	正六边形	平行四边形	矩形	菱形	正八边形	正五边形	圆形	正方形	正三角形	菱形	等边不等角六边形
	刀尖角	85°	82°	80°	55°	75°	120°	55°	90°	86°	135°	108°	0°	90°	60°	35°	80°
2	后角代号	A		B		C		D		E		F		G		N		P
	度数	3°		5°		7°		15°		20°		25°		30°		0°		11°

位数	含义	精度代号			
3	精度代号	代号	刀尖高度允差（m）/mm	内接圆允差（ϕD_1）/mm	厚度允差（S_1）/mm
		A	±0.005	±0.025	±0.025
		F	±0.005	±0.013	±0.025
		C	±0.013	±0.025	±0.025

位数	含义	说明				
4	槽、孔代号	代号	有无孔	孔的形状	有无断层槽	刀片端面
		W	有	圆柱孔 + 单面倒角（40°~60°）	无	
		T	有		单面	
		Q	有	圆柱孔 + 双面倒角（40°~60°）	无	
		U	有		双面	

位数	含义	刀片形状							内接圆直径 /mm
5	切削刃长代号和内接圆号	R	W		D	C	S	T	
		L3	08	05	04	04		08	4.76
		03	09	06	05	05		09	5.56
		06							60

位数	含义	说明			
6	刀片厚度代号	代号	刀片厚度 /mm	代号	刀片厚度 /mm
		01	1.59	06	6.35
		02	2.38	07	7.94
		04	4.76	09	9.52
7	刀尖半径代号	代号	刀尖半径 /mm	代号	刀尖半径 /mm
		02	0.2	08	0.8
		04	0.4	12	1.2
8	刃口处理代号	F：尖锐刀刃		E：倒角刀刃	T：倒棱刀刃
9	切削方向代号	R：右		L：左	N：左右
10	制造商代号	详情请参见相关品牌产品样本			

四、可转位车刀型号编制规则

可转位车刀的选用可依据 GB/T 5343.1—2007 和 GB/T 5343.2—2007。标准规定可转位车刀由代表给定意义的字母或数字符号按一定的规则排列组成，共有 10 位符号。其中，前面 9 位符号必须使用，最后一位符号在必要时才使用。某可转位车刀型号如表 1-23 所示。

表 1-23　某可转位车刀型号

1	2	3	4	5	6	7	8	9	10
C	T	G	N	R	32	25	M	16	Q

符号规定如下。

"1"表示刀片夹紧方式的字母符号，C 代表夹紧方式为上压式。

"2"表示刀片形状的字母符号，T 代表三角形刀片。

"3"表示刀具头部形式的字母符号，G 代表 90° 主偏角弯头车刀。

"4"表示刀片法后角的字母符号，N 代表刀片法后角为 0°。

"5"表示刀具切削方向的字母符号，R 代表右手车刀。

"6"表示刀具切削高度（刀杆和切削刃高度）的数字符号，32 代表切削高度为 32 mm。

"7"表示刀具宽度的数字符号，25 代表刀具宽度为 25 mm。

"8"表示刀具长度的字母符号，M 代表刀具长度为 150 mm。

"9"表示可转位刀片的数字符号，16 代表刀片的边长为 16.5 mm。

"10"表示特殊公差的字母符号。

五、数控车刀的结构形式

数控车刀结构形式可分为整体式、机夹式、焊接式和可转位式 4 种，如图 1-20 所示。

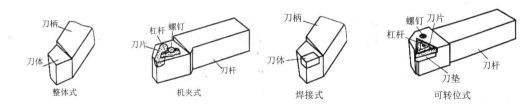

图 1-20　数控车刀结构形式

（1）整体式车刀。整体式车刀用整体高速钢制造，刃口可磨得较锋利，适合小型车床和加工非铁合金。

（2）机夹式车刀。机夹式车刀是采用普通刀片，用机械夹固的方法将刀片夹持在刀杆上使用的车刀，避免了焊接产生的应力、裂纹等缺陷，刀杆利用率高，刀片可集中刃磨获得所需参数，使用灵活方便，适合外圆、端面、铰孔、切断、螺纹等。

（3）焊接式车刀。焊接式车刀是指在碳钢刀杆上按刀具几何角度的要求开出刀槽，用焊料将硬质合金刀片焊接在刀槽内，并按所选择的几何参数刃磨后使用的车刀。焊接式车刀结构紧凑，使用灵活，适合各类车刀，特别是小刀具。

（4）可转位式车刀。可转位式车刀避免了焊接刀的缺点，刀片可快速更换转位，生产效率高，断屑稳定，可使用涂层刀片或先进材料的刀片，适合数控车床使用。

六、可转位车刀的刀片与刀杆的固定方式

可转位车刀的刀片与刀杆的固定方式通常有杠杆式、楔块式、楔块上压式、螺钉压紧式和刚性夹紧式等几种方式。

（1）杠杆式由杠杆、螺钉、刀垫、刀垫销、刀片等组成，如图 1-21 所示。该方式为螺钉旋紧压靠杠杆，由杠杆的力压紧刀片达到夹固的目的。当旋动螺钉时，通过杠杆产生夹紧力，从而将刀片定位在刀槽侧面上，旋出螺钉时，刀片松开，半圆筒形弹簧片可保持刀垫位置不动。

该方式适合各种正、负前角的刀片，有效的前角范围为 -60°~ +180°；切屑可无阻碍地流过，切削热不影响螺孔和杠杆两面槽壁给刀片的支撑，并确保转位精度。

（2）楔块式由紧定螺钉、刀垫、销、楔块、刀片所组成，如图 1-22 所示。这种方式依靠销与楔块的挤压力将刀片紧固。刀片内孔定位在刀片槽的销轴上，带有斜面的压块由压紧螺钉下压时，楔块一面靠紧刀杆上的凸台，另一面将刀片推往刀片中间孔的圆柱销上压紧刀片。

该方式适合各种正、负前角刀片，有效前角的变化范围为 -60° ~ +180°。两面无槽壁，但定位精度较低，便于仿形切削或倒转操作时留有间隙。

（3）楔块上压式由紧定螺钉、刀垫、销、压紧楔块、刀片组成，如图 1-23 所示。这种方式依靠销与楔块的压力将刀片夹紧。其特点同楔块式，但排屑流畅性不如楔块式。

（4）螺钉压紧式由螺钉、刀片、刀垫螺钉和刀垫等组成，如图 1-24 所示。这种方式依靠螺钉挤压力将刀片紧固。其结构简单，刀片在刀槽内可两面靠紧，获得较高的刀尖位置精度。

（5）刚性夹紧式由夹紧组件、刀片、刀垫螺钉和刀垫组成，如图 1-25 所示。其结构比较简单，夹紧力大且夹固可靠，刀片的转位和装卸方便，刀片在刀槽内能两面靠紧，可以获得较高的刀尖位置精度。缺点是夹紧组件有时会阻碍切屑的流动。

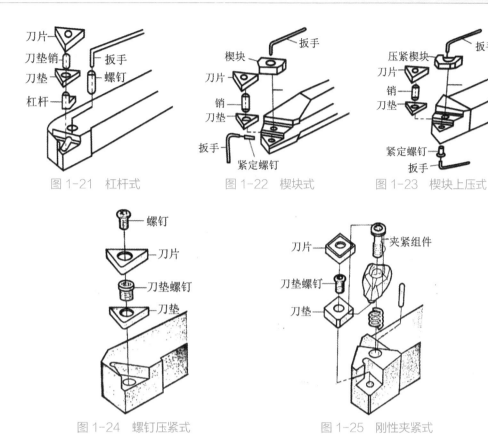

图 1-21　杠杆式　　　　图 1-22　楔块式　　　　图 1-23　楔块上压式

图 1-24　螺钉压紧式　　　　　　图 1-25　刚性夹紧式

知识三　数控车床编程知识

一、数控装置初始状态的设置

当车床打开电源时，数控车床将处于初始状态。为了保证程序的安全运行，程序开始应有程序初始状态设定，可通过 MDI 方式更改。

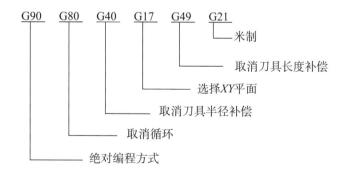

G90　G80　G40　G17　G49　G21

- 米制
- 取消刀具长度补偿
- 选择XY平面
- 取消刀具半径补偿
- 取消循环
- 绝对编程方式

二、指令

（1）进给速度单位设定指令 G99、G98，如表 1-24 所示。

表 1-24　进给速度单位设定指令 G99、G98

指令格式	指令含义	使用说明
G99	每转进给量，单位 mm/r	一般车床默认，模态指令
G98	每分钟进给量，单位 mm/min	一般铣床默认，模态指令
示例：程序段"G99 G01 X10 Z-10 F0.2;"表示进给速度为 0.2 mm/r； 　　　程序段"G98 G01 X10 Y-10 F80;"表示进给速度为 80 mm/min			

（2）主轴转速指令 S，如表 1-25 所示。

表 1-25　主轴转速指令 S

指令格式	指令含义	使用说明
S____；	指主轴每分钟的旋转速度，单位 r/min	一般与 M03、M04 连用。 如 M03 S600，表示主轴以 600 r/min 的速度正转

（3）主轴最高限速指令 G50、恒限速指令 G96、恒转速指令 G97，如表 1-26 所示。

表 1-26　主轴最高限速指令 G50、恒限速指令 G96、恒转速指令 G97

指令格式	指令含义	使用说明
G50 S___；	主轴最高转速限制。该指令可防止因主轴转速过高、离心力太大而产生危险及影响机床寿命	例：G50 S2000，表示设定主轴最高转速为 2000 r/min
G96 S___；	恒线速度控制。该指令在车削端面或工件直径变化较大时使用	例：G96 S200，表示切削点的线速度为 200 r/min
G97 S___；	恒转速控制。该指令一般在车螺纹或车削工件直径变化不大时使用。该指令可设定主轴转速并取消恒线速度控制	例：G97 S1500，表示主轴以 1500 r/min 的转速旋转

（4）刀具指令 T，如表 1-27 所示。

表 1-27　刀具指令 T

指令格式	指令含义	使用说明
T___；	指令 T 后的前两位数字表示刀具号，后两位数字为刀具补偿号	例：T0101，表示选择 1 号刀，用 1 号刀具补偿

（5）快速定位指令 G00，如表 1-28 所示。

表 1-28　快速定位指令 G00

指令格式	G00 X(U)___ Z(W)___；
指令含义	X、Z 表示目标点绝对坐标。 U、W 表示目标点相对前一点的增量坐标

续表

使用说明	移动速度有机床参数设定，无须在程序段中制订。 G00 指令为模态有效指令，一经使用持续有效。 G00 指令只能使用在空行程或进、退刀场合，以缩短时间，提高效率
示例	例：刀具要快速从 A 点移动到 B 点指定位置，用 G00 编程如下。 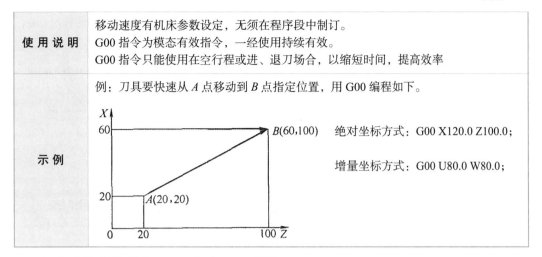 绝对坐标方式：G00 X120.0 Z100.0; 增量坐标方式：G00 U80.0 W80.0;

（6）直线插补指令 G01，如表 1-29 所示。

表 1-29　直线插补指令 G01

指令格式	G01 X(U)___ Z(W)___ F___;
指令含义	X、Z 表示目标点绝对坐标。 U、W 表示目标点相对前一点的增量坐标。 F 表示刀具直线插补速度
使用说明	使刀具以指定的进给速度沿直线移动到目标点
示例	例：将零件按图纸给定尺寸进行加工。 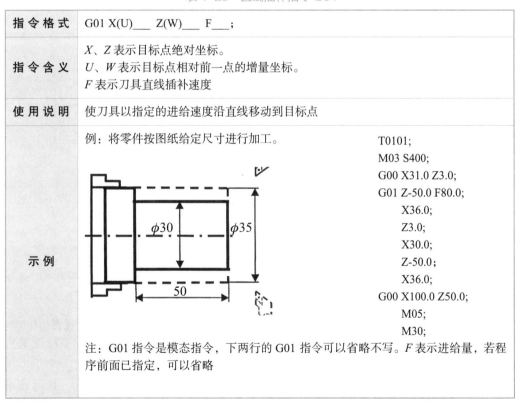 注：G01 指令是模态指令，下两行的 G01 指令可以省略不写。F 表示进给量，若程序前面已指定，可以省略

示例代码：
```
T0101;
M03 S400;
G00 X31.0 Z3.0;
G01 Z-50.0 F80.0;
    X36.0;
    Z3.0;
    X30.0;
    Z-50.0;
    X36.0;
G00 X100.0 Z50.0;
M05;
M30;
```

（7）顺时针圆弧插补指令 G02、逆时针圆弧插补指令 G03，如表 1-30 所示。

表 1-30　顺时针圆弧插补指令 G02、逆时针圆弧插补指令 G03

指令格式	"终点坐标＋半径"格式： G02/G03 X(U)__ Z(W)__ R__ F__;	"终点坐标＋圆心坐标"格式： G02/G03 X(U)__ Z(W)__ I__ K__ F__;

续表

	判别原则：从不在圆弧插补平面的坐标轴正方向往负方向看圆弧，顺时针用 G02，逆时针用 G03

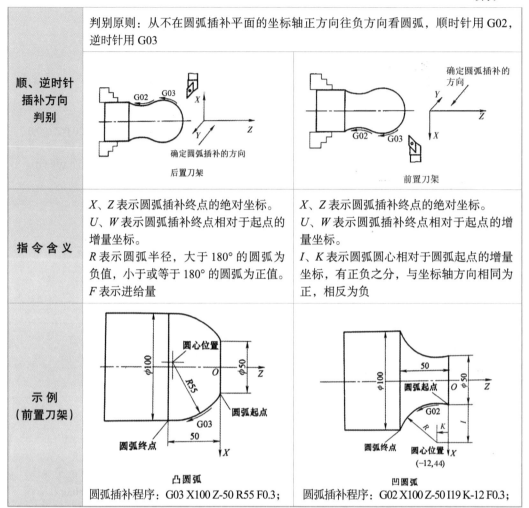

| 指 令 含 义 | X、Z 表示圆弧插补终点的绝对坐标。
U、W 表示圆弧插补终点相对于起点的增量坐标。
R 表示圆弧半径，大于 180° 的圆弧为负值，小于或等于 180° 的圆弧为正值。
F 表示进给量 | X、Z 表示圆弧插补终点的绝对坐标。
U、W 表示圆弧插补终点相对于起点的增量坐标。
I、K 表示圆弧圆心相对于圆弧起点的增量坐标，有正负之分，与坐标轴方向相同为正，相反为负 |

示例（前置刀架）：

凸圆弧
圆弧插补程序：G03 X100 Z-50 R55 F0.3;

凹圆弧
圆弧插补程序：G02 X100 Z-50 I19 K-12 F0.3;

（8）刀尖圆弧半径补偿指令 G41、G42、G40，如表 1-31 所示。

在车床上，刀具半径补偿又称刀尖圆弧半径补偿，简称刀尖半径补偿。为了提高刀尖强度，通常可转位刀片的刀尖磨成圆弧形状，如图 1-26 所示，O 点是理论刀尖点，而实际其刀尖是一圆弧形。

在对刀和数控编程时，通常将车刀刀尖作为一个点来考虑，但实际加工的刀尖处存在圆角，当用按理论刀尖点编出的程序进行端面、外径、内径等与轴线平行或垂直的表面加工时，是不产生误差的；但在进行倒角、锥面及圆弧切削时，则会产生少切或过切现象，如图 1-27 所示。此时可用刀尖圆弧自动补偿功能来消除误差，从而避免少切或过切现象的产生。

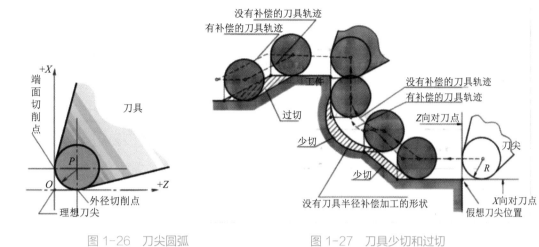

图 1-26　刀尖圆弧　　　　　　　　　　图 1-27　刀具少切和过切

表 1-31　刀尖圆弧半径补偿指令 G41、G42、G40

指令格式	添加刀补：G41\G42 G01\G00 X(U)__ Z(W)__ F__； 取消刀补：G40 G01\G00 X(U)__ Z(W)__ F__；	
指令含义	X、Z 表示目标点绝对坐标。 U、W 表示目标点相对前一点的增量坐标。 F 表示刀具直线插补速度	
使用说明	G41 指刀具半径左补，定义为假设工件不动，沿刀具运动方向看，刀具在工件左侧时的刀具半径补偿。 G42 指刀具半径右补，定义为假设工件不动，沿刀具运动方向看，刀具在工件右侧时的刀具半径补偿。 G40 为取消刀具半径补偿。即使用该指令后，G41、G42 指令无效。 G41、G42 和 G40 指令都是模态指令（也称续效指令）。 在设置刀尖圆弧自动补偿时，还要设置刀尖圆弧位置编码	
前置、后置刀架刀尖半径补偿平面及补偿方向	前置刀架	后置刀架
	加工方向 G41　确定补偿平面方向 Y Z X 加工方向 G42	加工方向 G41 X G42 Z 加工方向 Y 确定补偿平面方向

续表

	前置刀架	后置刀架
前置、后置刀架刀尖半径补偿平面及补偿方向		
示 例		

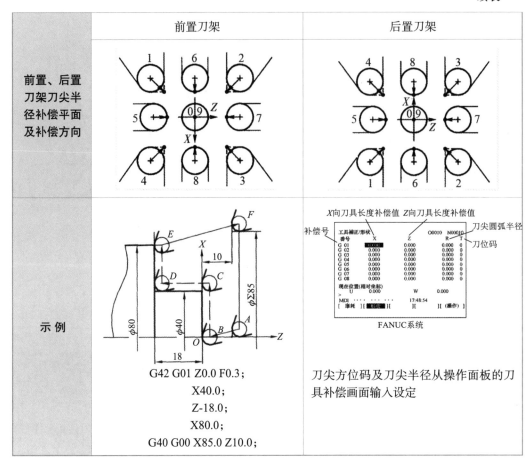

G42 G01 Z0.0 F0.3 ;
　　　X40.0 ;
　　　Z-18.0 ;
　　　X80.0 ;
G40 G00 X85.0 Z10.0 ;

刀尖方位码及刀尖半径从操作面板的刀具补偿画面输入设定

（9）螺纹加工指令 G32，如表 1-32 所示。

表 1-32　螺纹加工指令 G32

指令格式	G32 X(U)___ Z(W)___ F___ ;
指令含义	X、Z 表示终点绝对坐标值。 U、W 表示终点相对起点的增量坐标。 F 表示螺纹导程
使用说明	可用于切削等螺距直螺纹、圆锥螺纹

示 例	例：取 $L_1 = 2$ mm、$L_2 = 1.5$ mm，螺纹导程 F 为 1.0 mm，螺纹切深查表可得：0.7 mm、0.4 mm、0.2 mm，即每次螺纹切削尺寸为：29.3 mm、28.9 mm、28.7 mm。 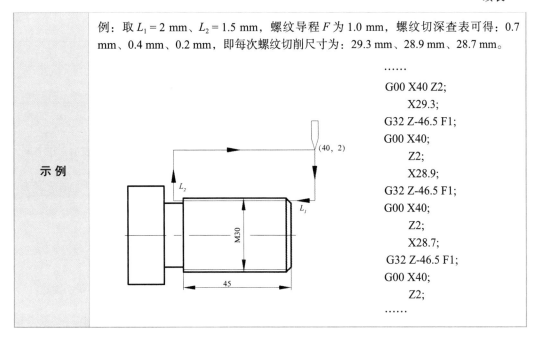 …… G00 X40 Z2; 　　　X29.3; G32 Z-46.5 F1; G00 X40; 　　Z2; 　　　X28.9; G32 Z-46.5 F1; G00 X40; 　　Z2; 　　　X28.7; G32 Z-46.5 F1; G00 X40; 　　Z2; ……

（10）螺纹切削单一循环指令 G92，如表 1-33 所示。

表 1-33　螺纹切削单一循环指令 G92

指 令 格 式	G92 X(U)___ Z(W)___ R___ F___;
指 令 含 义	X、Z 表示螺纹切削终点绝对坐标值。 U、W 表示切削终点增量坐标。 R 表示锥螺纹终点半径与起点半径的差值，若锥面起点坐标大于终点坐标时，该值为正，反之为负。切削圆柱螺纹 R 值为 0，可以省略。 F 表示螺纹导程
使 用 说 明	可用于切削等螺距直螺纹、圆锥螺纹的单一循环切削
示 例	例：取 $L_1 = 2$ mm、$L_2 = 1.5$ mm，螺纹导程 F 为 1.0 mm，螺纹切深查表可得：0.7 mm、0.4 mm、0.2 mm，即每次螺纹切削尺寸为 29.3 mm、28.9 mm、28.7 mm。 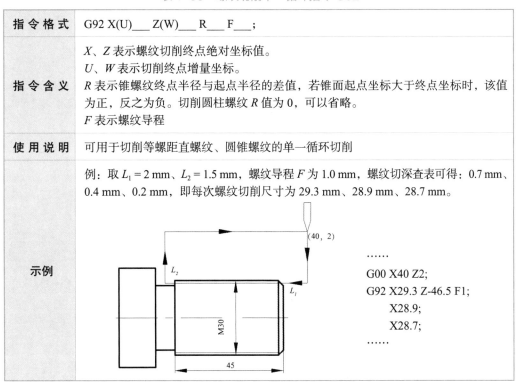 …… G00 X40 Z2; G92 X29.3 Z-46.5 F1; 　　　X28.9; 　　　X28.7; ……

（11）车螺纹复合循环 G76，如表 1-34 所示。

表 1-34　车螺纹复合循环 G76

指 令 格 式	G00 Xα_1 Zβ_1； G76 P*mra* QΔd_{min} R*d*； G76 X(U) Z(W) R*i* P*k* QΔd F*L* ；
指 令 含 义	α_1、β_1 表示螺纹切削循环起点的坐标，应留有足够的安全距离。 *m* 表示精加工重复次数 1~99 次，必须用两位数表示。 *r* 表示螺纹收尾 45° 斜向退刀量，编程范围用 00~99 之间的两位整数来表示，每个单位长度是 0.1 × 导程。 α 表示刀具角度，可从 80°、60°、55°、30°、29°、0° 这 6 个角度中选择，用两位整数来表示。该参数为模态量。 Δd_{min} 表示粗加工最小背吃刀量，半径值，单位为 μm。 *d* 表示精加工余量，半径值，无正负号。 X(U)、Z(W) 表示螺纹终点坐标值。 *i* 表示螺纹锥度值，用半径值编程。若 R = 0，则为直螺纹。 *k* 表示螺纹牙型高，k = 0.65P（P 为螺距），半径值编程，单位为 μm，不带小数点。 Δd 表示第一次切削深度，半径值，单位为 μm，不带小数点。 *L* 表示螺纹导程
使 用 说 明	该指令用于多次自动循环车螺纹。在指令中定义好相关参数，便可自动进行加工。车螺纹过程中，背吃刀量是成等比级数递减的，深度自动计算
示 例	例：m=2，r=1.2L，α=60°，表示为 P021260。 …… G00 X40 Z5；　刀具定位到循环起点 G76 P011060 Q100 R0.2；　车螺纹 G76 X27.4 Z-42 R0 P1299 Q900 F2；螺纹高度为 1.299，第一次车削深度为 0.9 mm，螺距为 2 mm。 G00 X150 Z100； ……

（12）轴向切削单循环指令 G90，如表 1-35 所示。

表 1-35　轴向切削单循环指令 G90

指 令 格 式	G90 X(U)＿＿ Z(W)＿＿ R＿＿ F＿＿；
指 令 含 义	X、Z 表示切削终点绝对坐标值。 U、W 表示切削终点增量坐标。 R 表示圆锥终点半径与起点半径的差值，若锥面起点坐标大于终点坐标时，该值为正，反之为负。切削圆柱时 R 值为 0，可以省略。 F 表示切削进给量

续表

使用说明	当工件毛坯轴向余量比径向余量多时，完成一个"切入—切削—退刀—返回"单循环指令 圆柱切削循环　　　　　　　　　圆锥切削循环 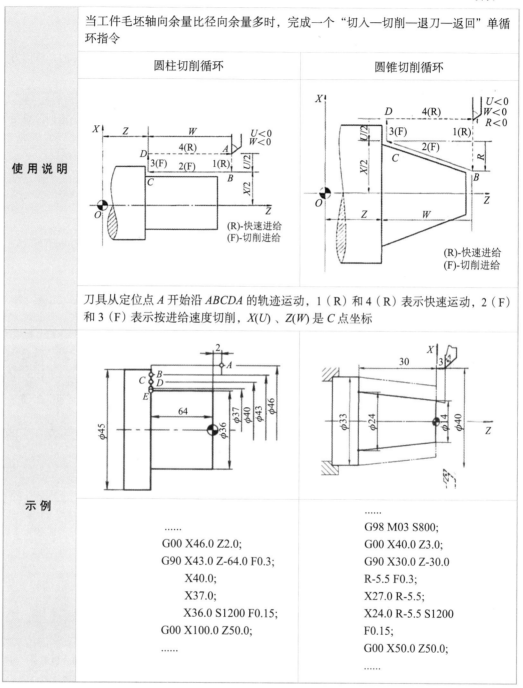 刀具从定位点 *A* 开始沿 *ABCDA* 的轨迹运动，1（R）和 4（R）表示快速运动，2（F）和 3（F）表示按进给速度切削，$X(U)$、$Z(W)$ 是 *C* 点坐标

	圆柱切削循环	圆锥切削循环
示例	...... G00 X46.0 Z2.0; G90 X43.0 Z-64.0 F0.3; 　　X40.0; 　　X37.0 　　X36.0 S1200 F0.15; G00 X100.0 Z50.0;	...... G98 M03 S800; G00 X40.0 Z3.0; G90 X30.0 Z-30.0 R-5.5 F0.3; X27.0 R-5.5; X24.0 R-5.5 S1200 F0.15; G00 X50.0 Z50.0; ......

（13）径向切削单循环指令 G94，如表 1-36 所示。

表 1-36　径向切削单循环指令 G94

指令格式	G94 X(U)___ Z(W)___ R___ F___;

指令含义	X、Z表示切削终点绝对坐标值。 U、W表示切削终点增量坐标。 R表示圆锥终点半径与起点半径的差值，若锥面起点坐标大于终点坐标时，该值为正，反之为负。切削圆柱时 R 值为 0，可以省略。 F表示切削进给量
	当工件毛坯径向余量比轴向余量多时，完成一个"切入→切削→退刀→返回"单循环指令
使用说明	平端面车削循环 锥面车削循环 刀具从定位点 A 开始沿 $ABCDA$ 的轨迹运动，1（R）和 4（R）表示快速运动，2（F）和 3（F）表示按进给速度切削，$X(U)$、$Z(W)$ 是 C 点坐标
示例	 …… G00 X62.0 Z2.0； G94 X10.0 Z-3.0 F0.3； Z-5.0； X30.0 Z-8.0； Z-10.0； G00 X100.0 Z50.0； …… …… G99 M03 S500； G00 X62.0 Z2.0； G94 X10.0 Z-2.0 R-10.4 F0.3； Z-4.0 R-10.4； Z-6.0 R-10.4； Z-8.0 R-10.4； Z-10.0 R-10.4 F0.1 S800 G00 X100.0 Z50.0； ……

（14）轴向粗车切削循环指令 G71 和精加工循环指令 G70，如表 1-37 所示。

表 1-37　轴向粗车切削循环指令 G71 和精加工循环指令 G70

指令格式	G71 U$\underline{\Delta}_d$ $\underline{R}_e$; G71 P$\underline{n}_s$ Q$\underline{n}_f$ U$\underline{\Delta}u$ WΔw F_S_T_ ;	G70 P$\underline{n}_s$ Q$\underline{n}_f$;
指令含义	Δd 表示粗车背吃刀量（即切深、半径值，不带符号，模态值）。 e 表示粗车退刀量（模态值），无正负号，半径值。 n_s 表示精加工轮廓程序段中开始程序段的段号。 n_f 表示精加工轮廓程序段中结束程序段的段号。 Δu 表示 X 轴向精加工余量（直径值，外圆加工为正，内圆加工为负）。 Δw 表示 Z 轴向精加工余量	n_s 表示精加工轮廓程序段中开始程序段的段号。 n_f 表示精加工轮廓程序段中结束程序段的段号
使用说明	G71 粗车切削循环是复合固定循环指令，适合轴向尺寸大于径向尺寸的毛坯工件的粗车循环，如图所示。一般在编程时，X 向的精车余量大于 Z 向精车余量。 指令中的 F、S 值是指粗加工中的 F、S 值，该值一经指定，则在程序段段号 "n_s" "n_f" 之间的所有 F、S 值无效；该值在指令中也可以不加以指定，这时就是沿用前面程序段中的 F、S 值，并可沿用至粗、精加工结束后的程序中去。 程序指令 (R)-快速移动 (F)-切削进给 $n_s \rightarrow n_f$ 程序段中的 F、S、T 功能，即使被指定也对粗车循环无效。 循环中的第一个程序段即顺序号为 "n_s" 的程序段必须沿着 X 向进刀，且不能出现 Z 轴的运动指令，否则会出现程序报警。如 "G00 X10.0 ;" 正确，而 "G00 X10.0 Z1.0;" 则错误。 精车循环指令 G70 应用场合：用 G71 粗车完毕后，可用 G70 指令进行精加工。 循环起点的确定：G71 粗车循环起点的确定主要考虑毛坯的加工余量、进退刀路线等。一般选择在毛坯轮廓外 1~2 mm、端面 1~2 mm 即可，不宜太远，以减少空行程，提高加工效率。 "n_s" 至 "n_f" 程序段中不能调用子程序。 G71 循环时可以进行刀具位置补偿但不能进行刀尖半径补偿。因此在 G71 指令前必须用 G40 指令取消原有的刀尖半径补偿。在 "n_s" 至 "n_f" 程序段中可以含有 G41、G42 指令，对工件精车轨迹进行刀尖半径补偿	
示例	当该指令指定精加工路线，系统会自动分配粗加工路线，适用于车削圆棒料毛坯。 G70 精车切削循环指令不能单独使用，必须在粗车切削循环 G71、G72、G73 之后。 G70 执行过程中的 F、S 由 "n_s" "n_f" 程序段之间给出的 F、S 确定	

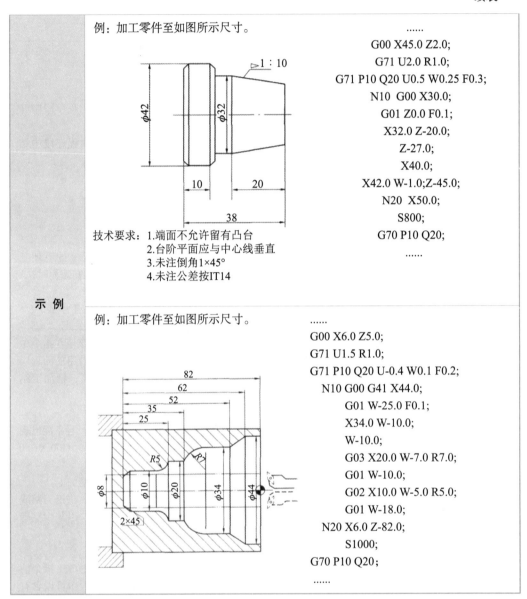

示例	例：加工零件至如图所示尺寸。 技术要求：1.端面不允许留有凸台 2.台阶平面应与中心线垂直 3.未注倒角1×45° 4.未注公差按IT14	...... G00 X45.0 Z2.0; G71 U2.0 R1.0; G71 P10 Q20 U0.5 W0.25 F0.3; N10 G00 X30.0; G01 Z0.0 F0.1; X32.0 Z-20.0; Z-27.0; X40.0; X42.0 W-1.0;Z-45.0; N20 X50.0; S800; G70 P10 Q20; ......
	例：加工零件至如图所示尺寸。	...... G00 X6.0 Z5.0; G71 U1.5 R1.0; G71 P10 Q20 U-0.4 W0.1 F0.2; N10 G00 G41 X44.0; G01 W-25.0 F0.1; X34.0 W-10.0; W-10.0; G03 X20.0 W-7.0 R7.0; G01 W-10.0; G02 X10.0 W-5.0 R5.0; G01 W-18.0; N20 X6.0 Z-82.0; S1000; G70 P10 Q20; ......

（15）径向粗车切削循环指令 G72，如表 1-38 所示。

表 1-38　径向粗车切削循环指令 G72

指令格式	G72 WΔd Re ; G72 Pn_s Qn_f UΔu WΔw F_S_T_;
指令含义	Δd 表示粗车背吃刀量（即 Z 向切深，不带符号，模态值）。 e 表示粗车退刀量（模态值）。 n_s 表示精加工轮廓程序段中开始程序段的段号。 n_f 表示精加工轮廓程序段中结束程序段的段号。 Δu 表示 X 轴向精加工余量（直径值，外圆加工为正，内圆加工为负）。 Δw 表示 Z 轴向精加工余量

续表

使 用 说 明	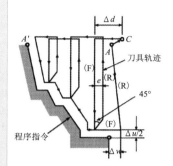　　G72 端面粗车切削循环是复合固定循环指令，适合对径向尺寸大于轴向尺寸的毛坯工件进行粗车循环，如图所示。一般在编程时，Z 向的精车余量大于 X 向精车余量。 　　零件轮廓必须符合 X 轴、Z 轴方向同时单调增大或单调减少的形式。 　　$n_s \to n_f$ 程序段中的 F、S、T 功能，即使被指定也对粗车循环无效。 　　FANUC 0i 系统中 G72 加工循环，顺序号"n_s"程序段必须沿 Z 向进刀，且不应出现 X 轴的运动指令，否则会出现程序报警。 　　该指令应用于圆柱棒料端面粗车，且 Z 向余量小、X 向余量大、需要多次粗加工的情形
示 例	例：加工零件至如图所示尺寸。 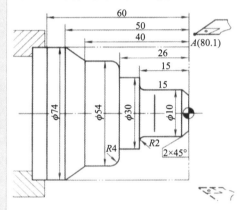 ...... G00 X80.0 Z1.0; G72 W1.2 R1.0; G72 P10 Q20 U0.2 W0.5F0.3; N10 G00 G41 Z-60.0; 　　G01 X74.0 F0.15; 　　　　Z-50.0; 　　　　X54.0 Z-40.0; 　　　　Z-30.0; 　　G02 X46.0 Z-26.0 R4.0; 　　G01 X30.0; 　　　　Z-15.0; 　　　　X14.0; 　　G03 X10.0 Z-13.0 R2.0; 　　G01 Z-2.0; X6.0 Z0.0; N20 X0.0; S800; G70 P10 Q20; G40 G00 X100.0 Z50.0; ......

续表

| 示 例 | 例：加工零件至如图所示尺寸。
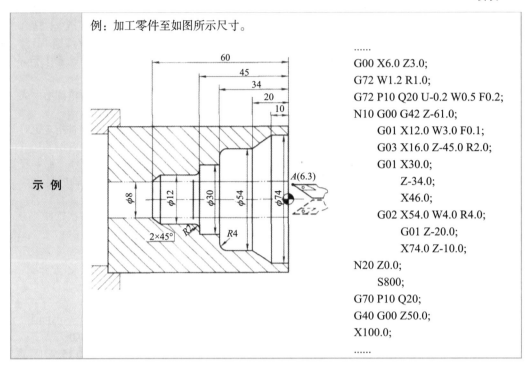
......
G00 X6.0 Z3.0;
G72 W1.2 R1.0;
G72 P10 Q20 U-0.2 W0.5 F0.2;
N10 G00 G42 Z-61.0;
    G01 X12.0 W3.0 F0.1;
    G03 X16.0 Z-45.0 R2.0;
    G01 X30.0;
       Z-34.0;
       X46.0;
    G02 X54.0 W4.0 R4.0;
    G01 Z-20.0;
    X74.0 Z-10.0;
N20 Z0.0;
    S800;
G70 P10 Q20;
G40 G00 Z50.0;
X100.0;
...... |

（16）仿形粗车切削循环指令 G73，如表 1-39 所示。

表 1-39　仿形粗车切削循环指令 G73

指令格式	G73 Ui Wk Rd ； G73 Pn_s Qn_f UΔu WΔw F_S_T_；
指令含义	i 表示 X 轴向总退刀量（模态值）。 k 表示 Z 轴向总退刀量（模态值）。 d 表示重复加工次数（分层次数）。 n_s 表示精加工轮廓程序段中开始程序段的段号。 n_f 表示精加工轮廓程序段中结束程序段的段号。 Δu 表示 X 轴向精加工余量（直径值，外圆加工为正，内圆加工为负）
使用说明	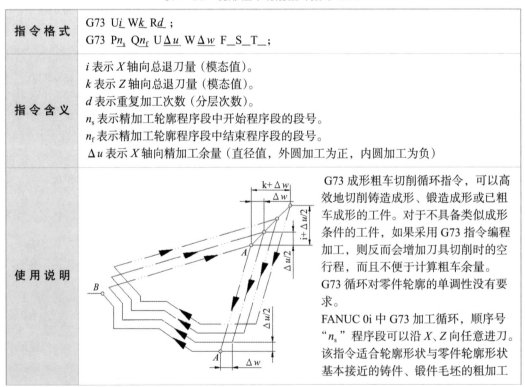　G73 成形粗车切削循环指令，可以高效地切削铸造成形、锻造成形或已粗车成形的工件。对于不具备类似成形条件的工件，如果采用 G73 指令编程加工，则反而会增加刀具切削时的空行程，而且不便于计算粗车余量。 G73 循环对零件轮廓的单调性没有要求。 FANUC 0i 中 G73 加工循环，顺序号"n_s"程序段可以沿 X、Z 向任意进刀。该指令适合轮廓形状与零件轮廓形状基本接近的铸件、锻件毛坯的粗加工

续表

示　例	例：加工零件至如图所示尺寸。 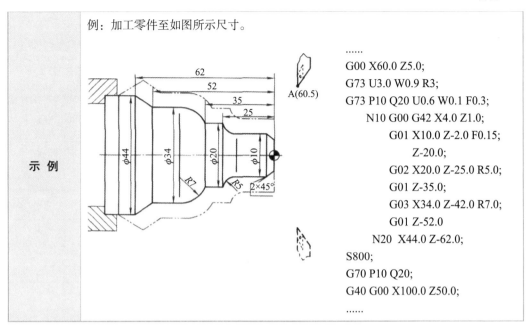 ...... G00 X60.0 Z5.0; G73 U3.0 W0.9 R3; G73 P10 Q20 U0.6 W0.1 F0.3; 　　N10 G00 G42 X4.0 Z1.0; 　　　　G01 X10.0 Z-2.0 F0.15; 　　　　Z-20.0; 　　　　G02 X20.0 Z-25.0 R5.0; 　　　　G01 Z-35.0; 　　　　G03 X34.0 Z-42.0 R7.0; 　　　　G01 Z-52.0 　　N20　X44.0 Z-62.0; S800; G70 P10 Q20; G40 G00 X100.0 Z50.0; ......

（17）径向切槽循环指令 G75，如表 1-40 所示。

表 1-40　径向切槽循环指令 G75

指令格式	G75 Re； G75 X（U）__Z（W）__P Δi Q Δk R Δd F_；
指令含义	e 表示 X 方向的退刀量（半径值，模态值）。 X 表示槽底直径（终点坐标）。 U 表示 X 向增量值。 Z 表示切槽时的 Z 向终点位置坐标。 W 表示 Z 向增量值。 Δi 表示切槽时的 X 方向的每次切入量（不带符号，半径值，单位 μm）。 Δk 表示 Z 方向的每次切削移动量，其值应小于刀宽（不带符号，单位 μm）。 Δd 表示刀具在切削终点时的 Z 向退刀量，通常不指定，以免断刀。 F 表示切削进给速度
使用说明	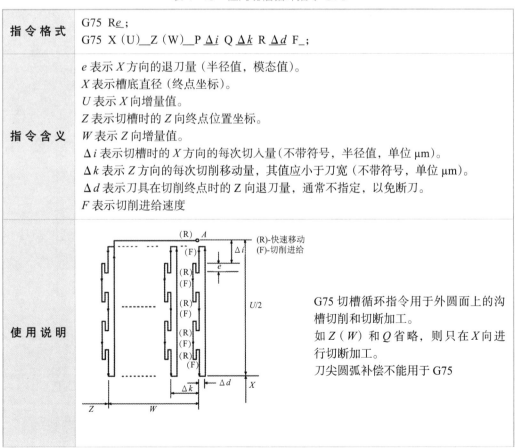　G75 切槽循环指令用于外圆面上的沟槽切削和切断加工。 如 Z（W）和 Q 省略，则只在 X 向进行切断加工。 刀尖圆弧补偿不能用于 G75

示 例	例：加工零件至如图所示尺寸。
	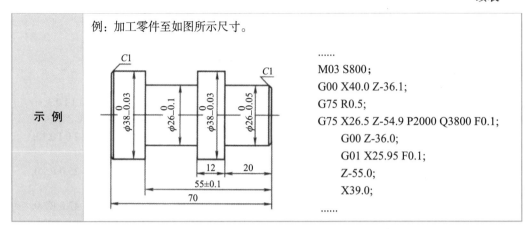
	......
	M03 S800；
	G00 X40.0 Z-36.1；
	G75 R0.5；
	G75 X26.5 Z-54.9 P2000 Q3800 F0.1；
	   G00 Z-36.0；
	   G01 X25.95 F0.1；
	   Z-55.0；
	   X39.0；
	......

（18）端面沟槽复合切削循环指令 G74，如表 1-41 所示。

表 1-41　端面沟槽复合切削循环指令 G74

指令格式	G74 R*e*； G74 X（U）_ Z（W）_ PΔi QΔk RΔd F_；
指令含义	*e* 表示 X 方向的退刀量（半径值，模态值）。 X 表示槽底直径（终点坐标）。 U 表示 X 向增量值。 Z 表示切槽时的 Z 向终点位置坐标。 W 表示 Z 向增量值。 Δi 表示切槽时的 X 方向的每次切入量（不带符号，半径值，单位 μm）。 Δk 表示 Z 方向的每次切削移动量，其值应小于刀宽（不带符号，单位 μm）。 Δd 表示刀具在切削终点时的 Z 向退刀量，通常不指定，以免断刀。 F 表示切削进给速度
使用说明	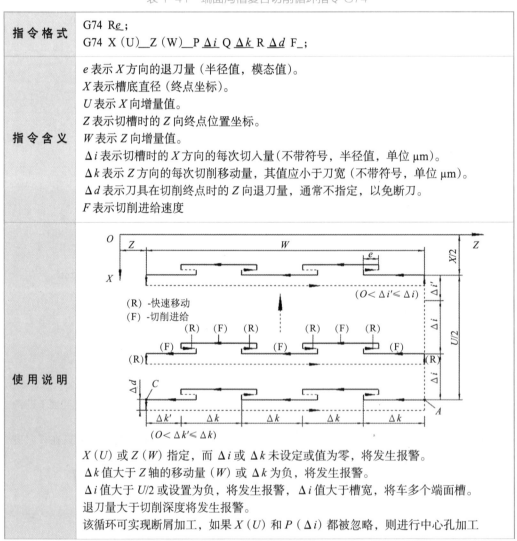 X（U）或 Z（W）指定，而 Δi 或 Δk 未设定或值为零，将发生报警。 Δk 值大于 Z 轴的移动量（W）或 Δk 为负，将发生报警。 Δi 值大于 U/2 或设置为负，将发生报警，Δi 值大于槽宽，将车多个端面槽。 退刀量大于切削深度将发生报警。 该循环可实现断屑加工，如果 X（U）和 P（Δi）都被忽略，则进行中心孔加工

续表

示　例	例：加工零件至如图所示尺寸。 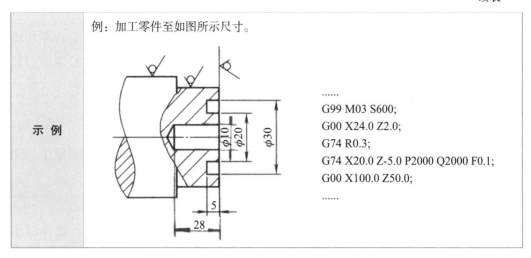 ...... G99 M03 S600; G00 X24.0 Z2.0; G74 R0.3; G74 X20.0 Z-5.0 P2000 Q2000 F0.1; G00 X100.0 Z50.0; ......

（19）子程序调用与子程序结束指令 M98、M99，如表 1-42 所示。

表 1-42　子程序调用与子程序结束指令 M98、M99

指令格式	子程序调用：M98 Pxxxx xxxx　　　子程序格式：Oxxxx（子程序号） 　　　　　　　　　　　　　　　　　　　　　　...... 　　　　　　　　　　　　　　　　　　　　　　M99（子程序结束指令）
指令含义	P 后面的前 4 位为重复调用次数，省略时为调用一次，后 4 位为子程序号。 M98 程序段中不得有其他指令出现。 子程序号与主程序基本相同。只是程序结束字用 M99 表示。 主程序调用同一子程序执行加工，最多可执行 999 次，在子程序中也可以调用另一子程序执行加工
使用说明	编程时为简化程序编制，当工件上有相同加工内容时常调子程序进行编程
示　例	主程序 N10...; N20 M98 P2233; N30...; N40 M98 P31133; N50...; 子程序 N10...; N20...; N30...; N40...; N50 M99; 子程序 01133; N10...; N20...; N30...; N40 M99; FANUC系统程序运行路线

三、宏程序

FANUC 0i 系统提供给用户两种宏程序，即用户宏程序功能 A 和用户宏程序功能 B。用户宏程序功能 A 是 FANUC 系统的标准配置功能，任何配置的 FANUC 系统都具备此功能。虽然用户宏程序功能 B 不算是 FANUC 系统的标准配置功能，但绝大部分的 FANUC 系统也都支持用户宏程序功能 B。

FANUC 系统中应用宏程序进行编程，具有高效、经济、应用范围广泛、有利于解决软件编程带来的缺陷等优点。宏程序编程中，可以使用变量，可以给变量赋值，变量之间可以运算，程序运行可以跳转。

（一）变量

变量的表示：一个变量由"#"和变量号组成，变量号可以是常数，也可以用表达式进行表示，而表达式必须写入"[ ]"中。如 #3、#100、#300、#2=#4+10.0、#7=#6+#13 等。其中变量值为整数时，小数点可以省略。

例如：#[#1+#2+15]

当 #1=12，#2=80 时，该变量表示 #107。

变量的类型有以下两种。

（1）系统变量（系统占用部分），用于系统内部运算时各种数据的存储。

（2）用户变量，包括局部变量和公共变量，用户可以单独使用，系统作为处理资料的一部分。FANUC 0i 系统的变量类型如表 1-43 所示。

表 1-43　FANUC 0i 系统的变量类型

变量名		类型	功能
#0		空变量	该变量总是空，没有值能赋予该变量
用户变量	#1~#33	局部变量	局部变量只能在宏程序中存储，例如运算结果。断电时，局部变量清除（初始化为空）。可以在程序中对其赋值
	#100~#199 #500~#999	公共变量	公共变量在不同的宏程序中的意义相同（即公共变量对于主程序和这些主程序调用的每一个宏程序来说是公用的）。断电时，#100~#199 清除（初始化为空）；而 #500~#999 即使在断电时也不清除
#1000 以上		系统变量	系统变量用于读和写 CNC 运行时各种数据变化，例如刀具当前位置和补偿值等

变量值的范围：局部变量和公共变量可以是 0 或以下范围中的值：$-10^{47} \sim -10^{-29}$ 或 $-10^{-2} \sim -10^{47}$，如果计算结果超出有效范围，则触发程序错误 P/S 报警 No.111。

变量的引用：引用变量也可以采用表达式。

例如：G01[#50-20] Y-#63 F[#63+#85]；

当 #50=140，#63=80，#85=100 时，表示为 G01 X120 Y-80 F180。

变量的赋值：变量可以在操作面板上用 MDI 方式直接赋值，也可在程序中以等式方式赋值，但等号左边不能用表达式。在实际编程中，大多数采用在程序中以等式方式赋值的方法。例如：#120=145；#120=40+50。

（二）宏程序算术和逻辑运算

如表 1-44 所示，列出的运算可以在变量中运行。等式右边的表达式可包含常量或由函数（或运算符号）组成的变量。表达式中的变量 #j 和 #k 可以用常量赋值，等式左边的变量也可以用表达式赋值。其中，算术运算主要是指加、减、乘、除运算等，逻辑运算可以理解为比较运算。

表 1-44　FANUC 0i 算术和逻辑运算一览表

功能		格式	备注和示例	
定义、转换		#t=#j	#100=#1　#100=#30	
算术运算	加法	#i=#j+#k	#100=#1+#2	
	减法	#i=#j-#k	#100=#80-#2	
	乘法	#i=#j*#k	#100=#1*#2	
	除法	#i=#j/#k	#100=#1/#20	
	正弦	#i= SIN [#j]	#100= SIN [#1]	三角函数及反三角函数值均以度为单位来指定。如 78°30′ 应表示为 78.5°
	反正弦	#i= ASIN [#j]		
	余弦	#i= COS [#j]	#100= COS [45+#2]	
	反余弦	#i= ACOS [#j]		
	正切	#i= TAN [#j]		
	反正切	#i= ATAN [#j]	#100= ATAN [#1]/[#2]	
	平方根	#i= SQRT [#j]	#100= SQRT [#1*#1-100]	
	绝对值	#i= ABS [#j]		
	合入	#i= ROUND [#j]		
	指数函数	#i= EXP [#j]	#100= EXP [#1]	
	（自然）对数	#i= LN [#j]		
	上取整	#i= FUP [#j]		
	下取整	#i= FIX [#j]		
逻辑运算	与	#i AND #j		
	或	#i OR #j	逻辑运算一位一位地按二进制执行	
	异或	#i XOR #j		
从 BCD 转为 BIN		#i= BIN [#j]	用于 PMC（可编程机床控制器）的信号转换	
从 BIN 转为 BCD		#i= BCD [#j]		

注：算术和逻辑运算指令的详细说明，请参考 FANUC 0i 宏程序相关说明书。

（1）宏程序数学计算的次序为：函数运算（SIN、COS、ATAN 等），乘和除运算（*、/、AND 等），加和减运算（+、−、OR、XOR 等）。

例如：#1=#2+#3*SIN[#4] 的运算次序为：①函数 SIN[#4]；②乘和除运算 #3*SIN[#4]；③加和减运算 #2+#3*SIN[#4]。

（2）函数中的括号：括号用于改变运算次序，函数中的括号允许嵌套使用，但最多只允许嵌套 5 层。

（3）宏程序中的上下取整运算：若操作产生的整数大于原数时为上取整，反之则为下取整。

例如：设 #1=1.3，#2=-1.3。

执行 #3=FUP [#1] 时，2.0 赋给 #3；

执行 #3=FIX [#1] 时，1.0 赋给 #3；

执行 #3=FUP [#2] 时，-2.0 赋给 #3；

执行 #3=FIX [#2] 时，-1.0 赋给 #3。

（三）转移和循环

在程序中，使用 GOTO 语句和 IF 语句可以改变程序的流向。有三种转移和循环操作可供使用。

$$转移和循环\begin{cases}GOTO\ 语句\rightarrow无条件转移\\IF\ 语句\rightarrow条件转移，格式为：IF\cdots THEN\cdots\\WHILE\ 语句\rightarrow当\cdots时循环\end{cases}$$

1. 无条件转移（GOTO 语句）

转移（跳转）到标有顺序号 n（俗称行号）的程序段。当指定 1~99999 以外的顺序号时，会触发 P/S 报警 No.128。其格式为 GOTO n，其中，n 为顺序号（1~99999）。

例如：GOTO 10，即转移至第 10 行。

2. 条件转移（IF 语句）

IF 之后指定条件表达式。

（1）IF < 条件表达式 >GOTO n。

条件转移表示若指定的条件表达式满足，则顺序执行下个程序段。若变量 #1 的值大于 100，则转移（跳转）到标有顺序号 n（即俗称的行号）的程序段。若不满足指定的条件表达式，则顺序执行下个程序段。如果变量 #1 的值大于 100，则转移（跳转）到顺序号为 N99 的程序段，如图 1-28 所示。

图 1-28　条件转移流程

（2）IF< 条件表达式 >THEN。

如果指定的条件表达式满足，则执行预先指定的宏程序语句，而且只执行一个宏程序语句。

例如，IF[#1 EQ #2] THEN #3=10；如果 #1 和 #2 的值相同，10 赋值给 #3。

说明：

①条件表达式：条件表达式必须包括运算符。运算符插在两个变量中间或变量和常量中间，并且用"[ ]"封闭。表达式可以替代变量。

②运算符：运算符由两个字母组成，如表 1-45 所示，用于两个值的比较，以决定它们是相等还是一个值小于或大于另一个值。注意，不能使用不等号。

表 1-45　运算符

运算符	含义	英文注释
EQ	等于（=）	Equal
NE	不等于（≠）	Not Equal
GT	大于（>）	Great Than
GE	大于或等于（≥）	Great than or Equal
LT	小于（<）	Less Than
LE	小于或等于（≤）	Less than or Equal

例如：编写程序，计算数值 1~100 的累计总和。

```
O1000
#1=0；                          储存和数变量的初值
#2=1；                          被加数变量的初值
N5 IF [#2 GT 100] GOTO 99；      当被加数大于 100 转移到 N99
#1=#1+#2；                       计算和数
#2=#2+#1；                       下一个被加数
GOTO 5；                         转到 N5
N99 M30；                        程序结束
```

3. 循环（WHILE 语句）

在 WHILE 后指定一个条件表达式。当指定条件满足时，则执行从 DO 到 END 之间的程序。否则，转到 END 后的程序段，如图 1-29 所示。

DO 后面的号是指定程序执行范围的标号，标号值为 1，2，3。如果使用了 1，2，3 以外的值，会触发 P/S 报警 No.126。

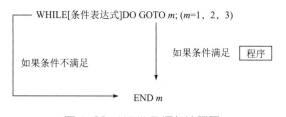

图 1-29　WHILE 语句流程图

关于嵌套的相关说明：

在 DO ～ END 循环中的标号（1~3）可根据需要多次使用。但是需要注意的是，无论怎样使用，标号永远限制在 1，2，3。此外，当程序有交叉重复循环（DO 范围的重叠）时，会触发 P/S 报警 No.124。以下为关于嵌套的详细说明。

（1）标号（1~3）可以根据需要多次使用，如图 1-30 所示。

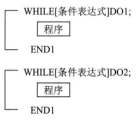

图 1-30　多次使用流程

（2）DO 的范围不能交叉，如图 1-31 所示。

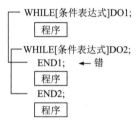

图 1-31　范围交叉流程

（3）DO 循环可以 3 重嵌套，如图 1-32 所示。

图 1-32　DO 循环嵌套流程

（4）（条件）转移可以跳出循环的外边，如图 1-33 所示。

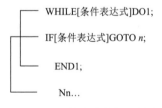

图 1-33　转移跳出循环的流程

（5）（条件）转移不能进入循环区内，注意与上述第 4 点对照，如图 1-34 所示。

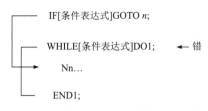

图 1-34 转移不能进入循环区的流程

关于循环（WHILE 语句）的其他说明如下。

① DO m 和 END m 必须成对使用，DO m 一定要在 END m 指令之前，用识别号 m 来识别。

②无限循环：当指定 DO 而没有指定 WHILE 语句时，将产生从 DO 到 END 之间的无限循环。

③未定义的定量：在使用 EQ 或 NE 的条件表达式中，空即被当作零。

④条件转移（IF 语句）和循环（WHILE 语句）的关系：在逻辑关系上，两者是从正反两个方面描述同一件事情；在现实的功能上，两者具有一定程度的相互替代性；在具体的用法和使用的限制上，条件转移（IF 语句）受到系统的限制相对更少，使用更灵活。

⑤处理时间：当在 GOTO 语句（无论是无条件转移的 GOTO 语句，还是"IF…GOTO"形式的条件转移 GOTO 语句）中有标号转移的语句时，系统将进行顺序号检测。一般来说，数控系统执行反向检索的时间要比正向检索时间长，因为系统通常先正向搜索到程序结束，再返回程序开头进行搜索，所以花费的时间要多。因此，用 WHILE 语句实现循环可减少处理时间。

在宏程序应用中，优先考虑的应该是数学表达是否正确，思路是否简洁，逻辑是否严密，但不必拘泥选择何种语句来实现。

学 思 践 悟

大国工匠——洪家光

他是"中国第一工匠"，拒外企 90 万月薪相邀，只愿为祖国贡献力量。

洪家光，男，汉族，1979 年 12 月生，中共党员，沈阳工业大学数控技术专业毕业，大专学历。中国航发沈阳黎明航空发动机（集团）有限责任公司首席技能专家，中国航发黎明高级技师。

随着我国航空发动机产业的快速发展，其制造技术也更加趋于高、精、尖。比起飞机的其他部件，发动机是最具挑战性的精密装备，是机械制造业最高水平的代表。一个国家的科技工业和国防实力，从航空发动机制造水平上就能够看出来。很多人以为，高度精密的航空发动机，全部都需要高科技机器的打磨，其实不然。发动机的叶片，是需要经过人工打磨才能使用的。

在 2017 年度国家科学技术奖励大会上，洪家光凭借研发航空发动机叶片滚轮精密磨削技术成果，获得国家科学技术进步二等奖。要知道，这可是航空发动机叶片加工领域的核心技术之一。颁奖的时候，洪家光特别激动。当时，有一位院士问他："你是做什么的？"洪家光老老实实地说："我是一线工人。"那位德高望重的院士非常惊讶，他说："得科技进步奖的都是专家、学者和院士，产业工人是凤毛麟角！"

2019 年，有欧洲企业向洪家光抛出橄榄枝，开出月薪 90 万元的诱人待遇，但他依旧选择为祖国效力。20 年来，洪家光完成了 100 多项技术革新，解决了 300 多个技术难题，成为打磨飞机"心脏"的"大国工匠"、中航工业首席技能专家。他说："每一个航空发动机零件都像一件需要认真雕琢的艺术品。"

在一次电视节目中，面对年轻人对职业选择方面的提问，洪家光微笑着说："不要看低每一个职业，任何职业只要用心去做，做到极致，都能让你找到心中的钻石！"

2011 年，洪家光获得了第七届"振兴杯"全国青年职业技能大赛车工组冠军。

2016 年 5 月，荣获第二十届"中国青年五四奖章"。

2018 年 4 月 28 日，获"全国五一劳动奖章"荣誉称号。

2018 年 11 月，获得人力资源和社会保障部第十四届"中华技能大奖"。

2020 年 5 月，获得第二届"全国创新争先奖"。

2020 年 11 月 20 日，洪家光家庭被中央文明委评为第二届"全国文明家庭"。

2020 年 11 月 24 日，荣获"全国劳动模范"称号。

2021 年 6 月 28 日，被中共中央授予"全国优秀共产党员"称号。

2021 年 9 月，被授予第四届"中国质量奖"提名奖。

2022 年 3 月 2 日，获得 2021 年"大国工匠年度人物"称号。

2022 年 11 月 7 日，荣获第十五届"航空航天月桂奖大国工匠奖"。

（来源：中工网，2022 年 12 月 12 日，有删改）

中篇

数控铣削篇

知识目标

1. 了解数控铣床的分类和数控铣床的结构。
2. 熟悉数控铣削加工的工作步骤。
3. 掌握数控铣削加工程序的编制方法。
4. 掌握数控铣削加工工艺参数和工艺路线选择的原则。
5. 掌握数控铣削产品的质量检测技术。

能力目标

1. 能正确判断数控铣床的坐标系。
2. 会根据零件的技术要求，合理制订零件数控加工工艺，正确编制零件数控加工程序，具备较复杂零件数控铣削加工能力。
3. 会应用铣削加工基本指令、子程序、孔加工指令、宏程序等数控指令，能编制较复杂零件数控铣削加工程序。
4. 会编制数控铣削较复杂零件的工艺文件。
5. 会正确选用刀具、量具和夹具。

素质目标

1. 具有科技兴国的远大理想。
2. 具有安全意识，提升自我保护意识。
3. 具有解决问题的能力。遇到问题时，能够积极思考，寻找解决问题的方法。
4. 能够自我管理和自我约束，保持良好的工作习惯。
5. 具有环保意识，遵守环保法规，努力降低生产过程中的环境污染。

知识一　数控铣床工艺知识

一、数控铣床类型

数控铣床按机床形态分类，分为立式、卧式和龙门式三种。如表 2-1 所示。

表 2-1　数控铣床类别及特点

类别	图片	特点
立式数控铣床		立式数控铣床的主轴轴线垂直于机床工作。其结构形式多为固定立柱，工作台为长方形。一般工作台不升降，主轴箱做上下运动。立式数控铣床一般具有 X、Y、Z 三个直线运动的坐标轴，适合加工盘、套、板类零件，也可以采取附加数控转盘等措施来扩大它的功能及加工范围，进一步提高生产效率
卧式数控铣床		卧式数控铣床的主轴轴线平行于水平面。其通常配有自动分度的回转工作台，以扩大加工范围和扩充功能。卧式数控铣床一般具有 3~5 个坐标，常见的是三个直线运动坐标加一个回转运动坐标。工件一次装夹后，完成除安装面和顶面以外的其余四个侧面的加工。因此，卧式数控铣床最适合加工箱体类零件。 卧式数控铣床的主轴与机床工作台平行，与立式数控铣床相比较，其排屑顺畅，有利于加工，但加工时不便于观察
龙门式数控铣床		龙门式数控铣床具有双立柱结构，主轴多为垂直设置，这种结构形式进一步增强了机床的刚性，数控装置的功能也较齐全，能够一机多用，尤其适合加工大型工件或形状复杂的工件，如大型汽车覆盖件模具零件、汽轮机配件等

二、数控铣床结构

立式数控铣床由控制面板、主轴箱、工作台、辅助装置（冷却系统等）、机床本体等部分组成，其结构如图 2-1 所示。

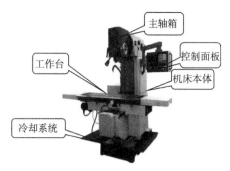

图 2-1　立式数控铣床主要结构

（1）控制面板：数控铣床运动控制的中心，执行数控加工程序，控制机床进行加工。

（2）主轴箱：用于装夹刀具并带动刀具旋转，主轴转速范围和输出扭矩对加工有直接的影响。

（3）工作台：由进给电机和进给执行机构组成，按照程序设定的进给速度实现刀具和工件之间的相对运动。

（4）辅助装置：液压系统、气动系统、润滑系统、冷却系统和排屑、防护装置等。

（5）机床本体：通常是指床身、立柱、横梁等，它是整个机床的基础和框架。

三、数控铣床 / 加工中心坐标系

数控铣床 / 加工中心坐标系执行我国的行业数控标准《数控机床　坐标和运动方向的命名》（JB/T 3051—1999），与国际标准 ISO 841 等效。标准坐标系采用右手笛卡尔坐标系。数控铣床坐标系如图 2-2 所示。

（1）Z 坐标。Z 坐标的运动方向是由传递切削动力的主轴所决定的，根据坐标系方向的命名原则，在钻、镗、铣加工中，切入工件的方向为 Z 轴的负方向。

（2）X 坐标。X 坐标平行于工件的装夹平面，一般在水平面内。对立式铣床 / 加工中心，Z 坐标垂直，观察者面对刀具主轴向立柱看时，$+X$ 运动方向指向右方。对卧式铣床 / 加工中心，Z 坐标水平，观察者沿刀具主轴向工件看时，$+X$ 运动方向指向左方。

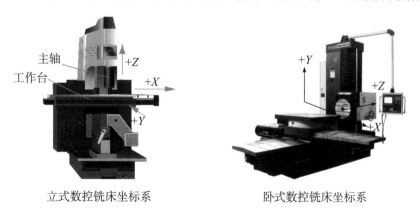

立式数控铣床坐标系　　　　　　卧式数控铣床坐标系

图 2-2　数控铣床坐标系

（3）Y坐标。在确定X、Z坐标的正方向后，可以用根据X和Z坐标的方向，按照右手笛卡尔直角坐标系来确定Y坐标的方向。

（4）旋转轴。围绕X、Y、Z坐标旋转的旋转轴分别用坐标A、B、C表示，根据右手螺旋定则，大拇指的指向为X、Y、Z坐标中任意轴的正向，则其余四指的旋转方向即为旋转坐标A、B、C的正向。

四、数控铣削加工的主要对象

数控铣削是机械加工中最常用和最主要的数控加工方法之一。数控铣削除了能铣削普通铣床所能铣削的各种零件表面外，还能铣削普通铣床不能铣削的、需要二至五坐标联动的各种平面轮廓和立体轮廓。数控铣床加工内容与加工中心加工内容有许多相似之处，但从实际应用的效果来看，数控铣削加工更多地用于复杂曲面的加工，而加工中心更多地用于有多工序零件的加工。适合数控铣削加工的零件主要有以下几种。

图2-3 平面类零件

（1）平面类零件（见图2-3）。平面类零件是指加工面平行或垂直于水平面，且加工面与水平面的夹角为一定值的零件，这类加工面可展开为平面。目前铣削加工的大多数零件是平面类零件，它是铣削加工中最简单的一类零件，一般只需三坐标两联动即可加工。

（2）曲面类零件（见图2-4）。加工面为空间曲面的零件称为曲面类零件。这类零件的加工面不能展成平面，一般使用球头铣刀切削，加工面与铣刀始终为点接触。

行切加工法，采用三坐标进行二轴半加工，即行切加工法。球头铣刀沿XZ平面的曲线进行插补加工，当一段曲线加工完后，沿Y方向进给ΔY再加工相邻的另一曲线，如此依次用平面曲线来逼近整个曲面。这种加工方式常用于不太复杂的空间曲面的加工。

三坐标联动加工常用于较复杂空间曲面的加工。这时，数控机床用X、Y、Z三坐标可联动进行空间直线插补，实现曲面加工，如图2-5所示。

图2-4 曲面零件

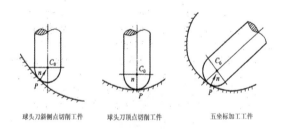

球头刀斜侧点切削工件　　球头刀顶点切削工件　　五坐标加工工件

图2-5 曲面加工

（3）其他在普通铣床难加工的零件。

①形状复杂，尺寸繁多，划线与检测均较困难，在普通铣床上加工又难以观察和控制的零件。

②精度零件，即尺寸精度、形位精度和表面粗糙度等要求较高的零件。

③一致性要求好的零件。在批量生产中，由于数控铣床本身的定位精度和重复定位精度都较高，能够避免在普通铣床加工中因人为因素而造成的多种误差。

五、数控铣削加工方式

（一）顺铣

在铣刀与工件已加工面的切点处，铣刀的旋转切削刃在切削点的切削速度进给方向上的分量 F_n 与工件进给速度 V_f 方向一致的铣削方式称为顺铣，如图 2-6 所示。

1. 顺铣的优点

（1）顺铣时的垂直分力 F_v 始终向下，且方向不变，在加工过程中 F_v 有向下压紧工件的作用，故铣削过程中比较平稳，这对铣削工作是很有利的，尤其对于不易夹紧的工件及细长和薄的工件更为合适。

（2）顺铣时铣刀刃是从切削工件的厚处到薄处切入工件的，切削刃切入容易。

（3）顺铣时消耗在进给运动方面的功率较小。

2. 顺铣的缺点

（1）顺铣时，铣刀刃从工件的外表面切入，因此，若工件是有硬皮和杂质的毛坯件时，切削刃容易磨损或损坏。

（2）顺铣时，由于沿进给方向的铣削分力 F_n 与进给方向相同，所以会拉动工作台。

（3）欠切。顺铣粗加工的时候，因为欠切的原因，可以不留或者少留精加工余量。

顺铣是为获得良好的表面质量而经常采用的加工方法。它具有较小的后刀面磨损、机床运行平稳等优点，适用于在较好的切削条件下加工高合金钢，多用于精加工。不宜加工表面具有硬化层的工件（如铸件），因为这时的切削刃必须从外部通过工件的硬化表层，从而产生较强的磨损。如果采用开环数控铣床加工，应设法消除进给机构的间隙。

（二）逆铣

在铣刀与工件已加工面的切点处，铣刀的旋转切削刃在切削点的切削速度进给方向上的分量 F_n 与工件进给速度 V_f 方向相反的铣削方式称为逆铣，如图 2-6 所示。

1. 逆铣的优点

（1）逆铣时，在铣刀中心切入工件端面后，切削刃不是从工件的外表面切入切削工件（尤其是表面有硬皮的毛坯件）的，所以对切削刃损坏的影响较小。

（2）逆铣时，进给方向的分力 F_n 始终与工件进给方向相反，所以不会拉动工作台。

2. 逆铣的缺点

（1）逆铣时，垂直铣削力 F_v 的变化较大。

（2）逆铣时，由于切削刃开始切入时要滑动一小段距离，故切削刃易磨损；还会使已加工的表面受到冷挤压和摩擦，影响工件已加工表面的质量。

（3）逆铣时消耗在进给运动方面的功率较大。

（4）过切。采用逆铣方式粗加工时一定要留精加工余量。

（5）使用逆铣加工方式时必须将工件完全夹紧，否则有抬起工件的危险。

逆铣多用于粗加工，在铣床上加工有硬皮的铸件、锻件毛坯时，一般采用逆铣。对于铝镁合金、钛合金和耐热合金等材料来说，建议采用顺铣加工，利于降低表面粗糙度和提高刀具耐用度。

（三）对称铣削

对称铣削：用端铣刀加工平面时，当工件与铣刀处于对称位置时，称为对称铣。对称铣适用于工件宽度接近端铣刀直径且刀齿较多的情况，如图 2-6 所示。

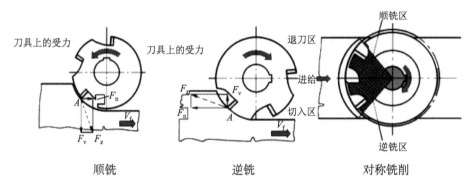

图 2-6 数控铣床加工

六、数控铣削工艺的制订

（一）零件工艺性分析

零件图样尺寸的正确标注。由于加工程序是以准确的坐标点来编制的，因此，各图形几何元素间的相互关系（如相切、相交、垂直和平行等）应明确，各种几何元素的条件要充分，应无引起矛盾的多余尺寸或者影响工序安排的封闭尺寸等。零件的内腔和外表最好采用统一的几何类型和尺寸，以减少刀具规格和换刀次数，使编程方便，生产效率提高。

（二）工序顺序的安排

在数控铣床及加工中心上加工零件，工序比较集中，在一次装夹中，尽可能完成全部工序。根据数控机床的特点，为保证加工精度，降低生产成本，延长使用寿命，通常把零件的粗加工（特别是基准面、定位面的加工）在普通机床上进行。

铣削零件的加工工序通常包括切削工序、热处理工序和辅助工序（包括表面处理、清洗和检验等），这些工序的加工顺序直接影响到零件的加工质量、生产效率和加工成本。

工序顺序的安排通常要考虑如下原则。

（1）基面先行原则。

（2）先粗后精原则。

（3）先主后次原则。

（4）先面后孔原则。

（三）进给路线的确定

1. 确定进给路线的原则

（1）加工路线应保证被加工工件的精度和表面粗糙度。

（2）应使加工路线最短，以减少空运行时间，提高加工效率。

（3）在满足工件精度、表面粗糙度、生产效率等要求的前提下，尽量简化数学处理时的数值计算工作量，以简化编程工作。

（4）当某段进给路线重复使用时，为简化编程、缩短程序长度，应使用子程序。

2. 轮廓铣削进给路线

铣削外轮廓时，一般采用立铣刀侧刃进行切削。为减少接刀痕迹，保证零件表面质量，铣刀应沿零件轮廓曲线的延长线切入和切出零件表面，而不应沿法向直接切入零件，以避免加工表面产生划痕，保证零件轮廓光滑。

铣削内轮廓时，若内轮廓曲线允许外延，则应沿切线方向切入、切出。若内轮廓曲线不允许外延，则刀具只能沿内轮廓曲线的法向切入、切出，并将其切入、切出点选在零件轮廓两几何元素的交点处。当内部几何元素相切无交点时，为防止刀补取消时在轮廓拐角处留下凹口，刀具切入、切出点应远离拐角。

加工位置精度要求较高的孔时，应特别注意安排孔的加工顺序。若安排不当，将坐标轴的反向间隙带入，将直接影响位置精度。欲使刀具在 XY 平面上的走刀路线最短，必须保证各定位点间的路线总长最短。

铣削曲面时，常用球头刀采用"行切法"进行加工。

（四）切削用量的选择

从刀具耐用度的角度考虑，切削用量选择的次序是：根据侧吃刀量 a_e 先选大的背吃刀量 a_p，再选大的进给速度 F，最后再选大的铣削速度 V_c（转换为主轴转速 n）。

1. 背吃刀量 a_p 的选择

背吃刀量 a_p 的选取主要是由加工余量的多少和对表面质量的要求决定的。以上参数可通过查阅切削用量手册选取。在机床动力足够和工艺系统刚度许可的条件下，应选取尽可能大的背吃刀量。

立铣刀在粗加工时，一次铣削工件的最大深度即背吃刀量 a_p，以不超过铣刀半径为原则，通常根据以下几种情况选择。

（1）当侧吃刀量 $a_e<d/2$（d 为铣刀直径）时，取 $a_p=(1/3\sim1/2)d$。

（2）当侧吃刀量 $d/2<a_e<d$ 时，取 $a_p=(1/4\sim1/3)d$。

（3）当侧吃刀量 $a_e=d$（即满刀切削）时，取 $a_p=(1/5\sim1/4)d$。

当工件轮廓深度尺寸较大且不能一次铣削至工件轮廓深度时，应采用分层铣削的方式。对于无内凹结构且四边余量分布较均匀的外形轮廓，可以尽量选择大直径刀具，在粗铣时一次性清除所有的余量。

2. 铣削速度 V_c 的选择

在背吃刀量和进给速度选好后，应在保证合理的刀具耐用度、机床功率等因素的前提下确定。

$$V_c = \frac{\pi\, dn}{1000}$$

式中，d 为铣刀直径 (mm)，n 为主轴转速 (r/min)。

在实际生产中，一般先选择合适的铣削速度，然后根据公式换算出铣床的主轴转速。

例如，当切削速度为 30 m/min，铣刀直径为 20 mm，则主轴转速为

$$n = \frac{1000 \times 30}{3.14 \times 20} \approx 477.7 \text{(r/min)}$$

每齿进给量指的是多齿铣刀每旋转一个齿间角时，铣刀相对工件在进给方向上的位移。对齿数位 N 的铣刀，进给速度 V_f 与进给量 f 和每齿进给量 f_t 存在如下关系：

$$V_f = f \times n = f_t \times n \times N$$

V_f：进给速度，每分钟工件相对于铣刀的位移量，机床铭牌上标示的为此值。

f：铣刀每转一个齿相对于工件的位移量。

f_c：铣刀每转一个齿时相对于工件的位移量。它的大小决定着一个刀齿的负荷，一般刀具手册上标识的为此值。

三者关系：

$$V_f = f \times n = f_z \times Z \times n$$

式中，Z 为铣刀齿数，n 为主轴转速 (r/min)。

一般切削用量，主要包括铣削速度、每齿进给量、铣削层用量参数选择，如表 2-2 至表 2-4 所示。

表 2-2　铣削速度的选择

工件材料	硬度 /HB	铣削速度 (V_c)/m·min^{-1}	
		高速钢铣刀	硬质合金铣刀
低、中碳钢	< 220	21~40	60~150
	225~290	15~36	54~115
	300~425	9~15	36~75
高碳钢	< 220	18~36	60~130
	225~325	14~21	53~105
	325~375	8~21	36~48
	375~425	6~10	35~45

续表

工件材料		硬度 /HB	铣削速度 (V_c)/m · min^{-1}	
			高速钢铣刀	硬质合金铣刀
合金钢		< 220	15~35	55~120
		225~325	10~24	37~80
		325~425	5~9	30~60
工具钢		200~250	12~23	45~83
灰铸铁		110~140	24~36	110~115
		150~225	15~21	60~110
		230~290	9~18	45~90
		300~320	5~10	21~30
可锻铸铁		110~160	42~50	100~200
		160~200	24~36	83~120
		200~240	15~24	72~110
		240~280	9~11	40~60
铸钢	低碳	100~150	18~27	68~105
	中碳	100~160	18~27	68~105
		160~200	15~21	60~90
		200~240	12~21	53~75
	高碳	180~240	9~18	53~80
铝合金		—	180~300	360~600
铜合金		—	45~100	120~190

表 2-3 每齿进给量

工件材料	硬度 /HB	每齿进给量 /mm · z^{-1}			
		高速钢铣刀		硬质合金铣刀	
		立铣刀	端铣刀	立铣刀	端铣刀
低碳钢	<150	0.04~0.20	0.15~0.30	0.07~0.25	0.20~0.40
	150~200	0.03~0.18	0.15~0.30	0.06~0.22	0.20~0.35

续表

工件材料	硬度 /HB	每齿进给量 /mm · z^{-1}			
		高速钢铣刀		硬质合金铣刀	
		立铣刀	端铣刀	立铣刀	端铣刀
中、高碳钢	< 220	0.04~0.20	0.15~0.25	0.06~0.22	0.15~0.35
	225~325	0.03~0.15	0.1~0.20	0.05~0.20	0.12~0.25
	325~425	0.03~0.12	0.08~0.15	0.04~0.15	0.10~0.20
合金钢	< 220	0.05~0.18	0.15~0.25	0.08~0.20	0.12~0.40
	220~280	0.05~0.15	0.12~0.20	0.06~0.15	0.10~0.30
	280~320	0.03~0.12	0.07~0.12	0.05~0.12	0.08~0.20
	320~380	0.02~0.10	0.05~0.10	0.03~0.10	0.06~0.15
铝镁合金	95~100	0.05~0.12	0.20~0.30	0.08~0.30	0.15~0.38
灰铸铁	150~180	0.07~0.18	0.20~0.35	0.12~0.25	0.20~0.5
	180~220	0.05~0.15	0.15~0.30	0.10~0.20	0.20~0.40
	220~300	0.03~0.10	0.10~0.15	0.08~0.15	0.15~0.30
可锻铸铁	110~160	0.08~0.20	0.20~0.40	0.12~0.20	0.20~0.5
	160~200	0.07~0.20	0.10~0.20	0.20~0.40	0.20~0.40
	200~240	0.05~0.15	0.08~0.15	0.15~0.30	0.15~0.30
	240~280	0.02~0.08	0.05~0.10	0.10~0.25	0.10~0.25
工具钢	退火状态	0.05~0.10	0.12~0.20	0.08~0.15	0.15~0.50
	< HRC35	0.03~0.08	0.07~0.12	0.05~0.12	0.12~0.25
	HRC 35~46	—	—	0.04~0.10	0.10~0.20
	HRC 46~56	—	—	0.03~0.08	0.07~0.10

表 2-4　常用钢件材料切削用量推荐值

刀具名称	刀具材料	切削速度 / m · min^{-1}	进给量（速度）/ mm · r^{-1}	背吃刀量 / mm	铣削宽度 / mm
中心钻	高速钢	20~40	0.05~0.10	—	0.5D
标准麻花钻	高速钢	20~40	0.15~0.25	—	0.5D
	硬质合金	40~60	0.05~0.20	—	0.5D
扩孔钻	硬质合金	45~90	0.05~0.40	—	≤ 2.5

续表

刀具名称	刀具材料	切削速度 / m · min^{-1}	进给量（速度）/ mm · r^{-1}	背吃刀量 / mm	铣削宽度 / mm
机用铰刀	硬质合金	6~12	0.30~1	0.1~0.3	—
机用丝锥	硬质合金	6~12	P	—	0.5P
粗镗刀	硬质合金	80~250	0.10~0.50	0.50~2	—
精镗刀	硬质合金	80~250	0.05~0.30	0.30~1	—
立铣刀或键槽铣刀	高速钢	20~40	0.10~0.40	≤ 0.8D	0.7D~D
	硬质合金	80~250	0.10~0.40	1.5~3	0.7D~D
盘铣刀	硬质合金	80~250	0.50~1	1.5~3	0.6D~0.8D
球头铣刀	高速钢	20~40	0.10~0.40	0.5~1	—
	硬质合金	80~250	0.20~0.60	0.5~1	—

七、数控铣削切削液的选择

切削液的主要作用是冷却和润滑，加入特殊添加剂后，还可以起清洗和防锈的作用，以保护机床、刀具、工件等不被周围介质腐蚀。

（一）切削液的作用

（1）润滑作用。切削液能够进到刀具、切屑、加工表面之间而形成薄薄的一层润滑膜或化学吸附膜，因此，可以减小它们之间的摩擦。切削速度越高，切削厚度越大，工件材料强度越高，则切削液润滑效果越差。

（2）冷却作用。切削液能从切削区域带走大量的切削热，使切削温度降低。一般来说，水溶液的冷却性能最好，乳化液次之，油类最差。

（3）清洗作用。切削液的流动可冲走切削区域和机床导轨上的细小切屑及脱落的磨粒，从而达到清洗的目的。

（4）防锈作用。在切削液中加入防锈添加剂后，切削液可在金属材料表面上形成附着力很强的保护膜，从而对工件、机床、刀具起到很好的防锈、防腐作用。

（二）切削液的种类

（1）水溶液。水溶液的主要成分是水、防腐剂、防霉剂等。为了提高清洗能力，可加入清洗剂。为具有润滑性，还可加入油性添加剂。

（2）乳化液。乳化液是水和乳化油经搅拌后形成的乳白色液体。乳化油是一种油膏，由矿物油和表面活性乳化剂（石油磺酸钠、磺化蓖麻油等）配制而成，表面活性剂的分子上带极性一端与水亲和，不带极性一端与油亲和，使水油均匀混合。

（3）合成切削液。合成切削液是国内外推广使用的高性能切削液，由水、各种表面活性剂和各种化学添加剂组成。它具有良好的冷却、润滑、清洗和防锈性能，热稳定性好，使用周期长。

（4）切削油。切削油主要起润滑作用，常用的有 10 号机械油、20 号机械油、轻柴油、煤油、豆油、菜油、蓖麻油等矿物油、植物油。

（5）极压切削液。极压切削液是矿物油中添加氯、硫、磷等极压添加剂配制而成的。它在高温下不破坏润滑膜，具有良好的润滑效果，故被广泛使用。

（6）固体润滑剂。固体润滑剂主要以二硫化钼（MoS_2）为主。二硫化钼形成的润滑膜具有极低的摩擦因数和较高的熔点（1185℃）。因此，高温不易改变它的润滑性能，具有很高的抗压性能和牢固的附着能力，固体润滑剂还具有较高的化学稳定性和温度稳定性。

（三）切削液的选用

1. 根据加工性质选用

（1）粗加工时，由于加工余量及切削用量均较大，因此，在切削过程中会产生大量的切削热，易使刀具迅速磨损，这时应降低切削区域温度，所以应选择以冷却作用为主的乳化液或合成切削液。

（2）用高速钢刀具粗铣碳素钢时，应选用 3%~5%（指质量分数，下同）的乳化液，也可选用合成切削液。

（3）用高速钢刀具粗铣合金钢、铜等合金工件时，应选用 5%~7% 的乳化液。

（4）粗铣铸铁时，一般不选用切削液。

（5）精加工时，为了减少切屑、工件与刀具之间的摩擦，保证工件的加工精度和表面质量，应选用润滑性能较好的极压切削油或高浓度极压乳化液。

（6）用高速钢刀具精铣碳素钢时，应选用 10%~15% 的乳化液或 10%~20% 的极压乳化液。

（7）用硬质合金刀具精加工碳素钢时，可以不加切削液，也可用 10%~25% 的乳化液或 10%~20% 的极压乳化液。

（8）精加工合金钢、铜等合金工件时，为了得到较高的表面质量和加工精度，可选用 10%~20% 的乳化液或煤油。

（9）半封闭加工（如钻孔、铰孔或深孔加工）时，排屑、散热条件均非常差，不仅使刀具磨损严重，容易退火，而且切屑容易拉毛已加工表面。为此，须选用黏度较小的极压切削液或极压切削油。

2. 根据工件材料选用

（1）一般钢件，粗加工时选择乳化液；精加工时选用硫化乳化液。

（2）加工铸铁、铸铝等脆性金属时，为了避免细小切屑堵塞冷却系统或黏附在机床上，一般不用切削液。也可选用 7%~10% 的乳化液或煤油。

（3）加工有色金属或铜合金时，不宜采用含硫的切削液，以免腐蚀工件。

（4）加工镁合金时，不用切削液，以免燃烧起火。必要时，可用压缩空气冷却。

（5）加工不锈钢、耐热钢等难加工材料时，应选用 10%~15% 的极压切削油或极压乳化液。

3. 根据刀具材料选用

（1）高速钢刀具，粗加工时选用乳化液；精加工时选用极压切削油或浓度较高的极压乳化液。

（2）硬质合金刀具，为避免刀片因骤冷骤热产生崩刃，一般不用切削液。如使用切削液，须连续充分浇注切削液。

4. 切削液使用技巧

粗加工或半精加工时，切削热量大。因此，切削液的作用应以冷却散热为主。精加工时，为了获得良好的已加工表面质量，切削液应以润滑为主。

切削液的使用普遍采用浇注法。对于深孔加工、难加工材料的加工以及高速或强力切削加工，应采用高压冷却法。切削时切削液工作压力约为 1~10 MPa，流量为 50~150 L/min。

喷雾冷却法也是一种较好的使用切削液的方法，加工时，切削液被喷雾装置高压雾化，并被高速喷射到切削区。

知识二　数控铣床刀具知识

一、刀柄系统

数控铣床的刀柄系统主要由刀柄柄体、拉钉和夹头三部分组成。如图 2-7 所示。

夹头

刀柄柄体

拉钉

图 2-7　数控铣刀刀柄结构

（一）刀柄类型

我国采用的刀柄常分为 BT、JT、ST、CAT 等系列。这些刀柄除局部槽的形状不同外，其余结构基本相同。一般接触的都是 BT 系列。根据锥柄大端直径，刀柄可分为 BT30、BT35、BT40、BT45、BT50。号数越大，刀柄越大，可承受的切削力也越大，但号数不代表实际直径。如表 2-5 所示，按刀柄类型，可以分为以下几种类型。

表2-5　刀柄类型

刀柄类型	刀柄图片	夹头或中间模块	夹持刀具	型号举例
弹簧夹头刀柄			直柄小规格立铣刀、球头铣刀、钻头和丝锥	BT30-ER20-60
强力夹头刀柄			自锁性好，夹紧力大。直柄小规格铣刀、钻头、丝锥	BT40-C22-95
面铣刀刀柄		无	装夹可转位面铣刀。通过更换刀盘改变刀具直径	BT40-XM32-75
三面刃铣刀刀柄		无	三面刃铣刀	BT40-X532-90
侧固式刀柄		无	丝锥及粗、精镗刀	21A BT40.32-58
莫氏锥度刀柄	莫氏锥度刀柄（A柄）	莫氏变径套	锥柄钻头、铰刀	有扁尾 ST40-M1-45
	莫氏锥度刀柄（B柄）	莫氏变径套	锥柄立铣刀、锥柄带内螺纹立铣刀	无扁尾 ST40-MW2-50
钻夹头刀柄		钻夹头	直柄钻头、铰刀	ST50-Z16-45

刀柄类型	刀柄图片	夹头或中间模块	夹持刀具	型号举例
丝锥刀柄			机用丝锥	ST50-TPG875

（二）拉钉

拉钉拧紧在刀柄的尾部，机床主轴内的拉紧机构借助它把刀柄拉紧在主轴中。拉钉有多种型号和规格。正确选择拉钉应根据数控机床说明书来确定。拉钉的尺寸已经标准化，ISO 和 GB 规定了 A 型和 B 型两种形式的拉钉，A 型是不带钢球的拉紧装置，而 B 型则是带钢球的拉紧装置。拉钉结构分类如图 2-8 所示。

ISO 7388 A 型

ISO 7388 B 型

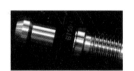

MAS BT 系列

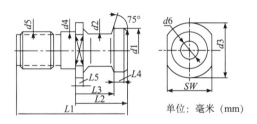

A 型零件图

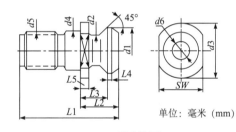

B 型零件图

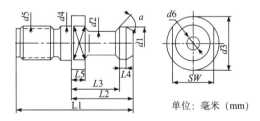

MAS BT 系列零件图

图 2-8 拉钉结构分类

（三）弹簧夹头

刀具可以通过弹簧夹头与数控刀柄连接。弹簧夹头有两种，分别是 ER 弹簧夹头和 KM 弹簧夹头，如图 2-9 所示。ER 弹簧夹头夹紧力小，适用于切削力较小的场合；

KM 弹簧夹头夹紧力大，适用于强力铣削。

ER 弹簧夹头　　　　　　　　　　　　KM 弹簧夹头

图 2-9　弹簧夹头类型

二、铣刀类型

（一）面铣刀

平面铣削通常是把工件表面加工到某一高度并达到一定表面质量要求的加工。平面铣削加工应考虑加工平面的表面粗糙度，加工面相对基准面的定位尺寸精度、平行度、垂直度等要求。面铣刀圆周表面和端面上都有切削刃，端部切削刃为副切削刃。由于面铣的直径一般较大，为 50~500 mm，故常制成套式镶齿结构，即将刀齿和刀体分开，刀体可长期使用。

面铣刀的选用如下。

1. 硬质合金可转位面铣刀的选用

硬质合金可转位面铣刀（可转位式端铣刀）结构成本低，制作方便，刀刃用钝后，可直接在机床转换刀刃或更换刀片。可转位面铣刀要求刀片定位精度高、夹紧可靠、排屑容易、更换刀片迅速。另外，各定位、夹紧件通用性要好，制造要方便，成本较低，操作使用方便。硬质合金面铣刀与高速钢面铣刀相比，铣削速度较高、加工效率高、加工表面质量也较好，并可加工带有硬皮和淬硬层的工件，在提高产品质量和加工效率等方面都具有明显的优越性，因此得到了广泛的应用。

2. 直径选用

对于面积不太大的平面，宜用直径比平面宽度大的面铣刀实现单次平面铣削，平面铣刀最理想的宽度应为材料宽度的 1.3~1.6 倍，1.3~1.6 倍的比例可以保证切屑较好的形成和排出。对于面积太大的平面，宜选用直径大小适当的面铣刀分多次走刀铣削平面。对于工件分散的、较小面积的平面，可选用直径较小的立铣刀铣削。

3. 面铣刀刀齿选用

可转位面铣刀的刀齿根据直径可分为粗齿、细齿、密齿三种。粗齿铣刀主要用于粗加工；细齿铣刀用于平稳条件下的铣削加工；密齿铣刀的每齿进给量较小，主要用于薄壁铸铁的加工。刀齿越多，同时参与切削的齿数也多，生产效率高，铣削过程平稳，加工质量好。但刀齿越多，容屑槽越小，排屑不畅，因此，只有在精加工余量小和切屑少的场合才使用刀齿相对多的铣刀。

（二）立铣刀

立铣刀是数控铣床上应用最多的一种铣刀，如图 2-10 所示，其圆柱表面和端面上都有切削刃，圆柱表面的切削刃为主切削刃，端面上的切削刃为副切削刃，可以同时切削，也可以单独切削。主切削刃一般为螺纹齿，可以增加切削平稳性，提高加工精度。

高速钢立铣刀　　　　　　　　　　　整体式硬质合金立铣刀

图 2-10　立铣刀类型

普通立铣刀端面中心处没有切削刃，不能做轴向进给。端面中心处有切削刃的称为键槽铣刀，如图 2-11 所示，左侧的为键槽铣刀，可做少量轴向进给。

立铣刀按结构分为整体式立铣刀、可转位硬质合金立铣刀、玉米铣刀等。

图 2-11　立铣刀和键槽铣刀的区别

高速钢立铣刀具有韧性好、易于制造且成本低等优点。硬质合金立铣刀具有硬度高，耐磨性好的特性。

整体式立铣刀刀齿多，可提高生产效率，但受容屑空间、刀齿强度、机床功率及刚性等的限制。不同直径的铣刀的刀齿数均有相应规定，同一直径的铣刀一般有粗齿、中齿、密齿三种类型。

粗齿铣刀：适用于普通机床的大余量粗加工和软材料或切削宽度较大的工件的铣削加工，当机床功率较小时，为使切削稳定，也常选用粗齿铣刀，如图 2-12 所示。

中齿铣刀：属通用系列，使用范围广泛，具有较高的金属切除率和切削稳定性。

密齿铣刀：主要用于铸铁、铝合金和有色金属的大进给速度切削加工。在专业化生产（如流水线工）中，为充分利用设备功率和满足生产节奏要求，也常选用密齿铣刀（此时多为专用非标铣刀），如图 2-13 所示。

可转位硬质合金铣刀是将能转位使用的多边形刀片用机械方法夹固在刀杆或刀体上的刀具，如图 2-14 所示。在切削加工中，当一个刃尖磨钝后，将刀片转位后使用另外的刃尖，这种刀片用钝后不再重磨。多数可转位刀具的刀片采用硬质合金，也有采用陶瓷、多晶立方氮化硼或多晶金刚石的。

图 2-12　粗齿铣刀

图 2-13　密齿铣刀

图 2-14　可转位硬质合金铣刀

常用的硬质合金刀片形状有正三边形、四边形、五边形、凸三边形、圆形和菱形等，常用的刀片公差等级有精密级（G）、中等级（M）和普通级（U）3 种，可按需要选用。

各种形状的刀片有中心带孔或不带孔的，有不带后角或带不同后角的；有不带断屑槽的，也有一面或两面都有断屑槽的。

根据 ISO 标准，常用的铣刀片和车刀片的命名原则是一样的。一般来说，铣刀片与车刀片的区别在于刀片的后角。铣刀片的后角大于车刀片的后角。

玉米铣刀，即可转位螺旋立铣刀的俗称，是一种重型切削铣刀，刀片用螺钉紧固交错排列，具有切深大、进给大、寿命长、切削平稳、刀片转位更换方便、夹紧可靠的特点。适用于零件侧面，台阶面及内孔的粗加工及半精加工，更换不同材质和槽型的刀片可以适应不同的加工环境和材料，如图 2-15 所示。

图 2-15　玉米铣刀

（三）钻头

1. 中心钻

由于直接用麻花钻钻孔时容易把孔钻歪，因此在钻孔之前，往往先用中心钻（见图 2-16）来钻预钻孔，起到导向的作用。另外，对于轴类零件，可以用中心钻来钻零件两端的中心孔，在顶尖装夹时起到定位基面的作用。中心转主要钻三种类型的中心孔：

A 型，普通中心孔；

B 型，带护锥作用，端面 120° 的锥面可以保护 60° 的锥面，使它不被碰伤；

C 型，是带螺纹的中心孔，主要用于工件上需要安置吊装的情况。

A 型

B 型

C 型

图 2-16　中心钻类型

2. 麻花钻

钻孔是指采用钻头在实心材料上进行孔加工的一种方法，常用的钻头是麻花钻。麻花钻分为两种，一种为直柄麻花钻，一种为锥柄麻花钻。一般直径小于 14 mm 的钻头为直柄钻头，直径 15~30 mm 的为锥柄钻头，锥度以莫氏圆锥表示，如图 2-17 所示。

图 2-17　直柄麻花钻

3. 扩孔钻

扩孔钻通常用作铰孔或磨孔前的加工或扩大毛坯孔，与麻花钻相比，其特点是没有横刃且刀齿较多，切削过程平稳，因此其生产效率和加工质量均比麻花钻高。扩孔钻的结构形式有高速钢整体式、镶齿套式、硬质合金可转位式，如图 2-18 所示。

4. 锪钻

图 2-18　高速钢扩孔钻

锪钻用于在孔的端面上加工圆柱形沉头孔、锥形沉头孔或凸台表面（见图 2-19 和图 2-20）。按锪钻材料分为高速钢整体式和硬质合金镶齿式。锪孔加工的主要问题是所做端面或锥面容易产生振痕，因此要注意刀具参数和切削用量的正确选用。

图 2-19　锥柄锪钻　　　　2-20　带固定导柱直柄平底锪钻

（四）铰刀

为了提高孔的加工精度，降低其表面粗糙度，就要求在钻孔（或扩孔）加工后进行铰孔或镗孔加工。铰刀是用于孔的精加工和半精加工的刀具，加工余量一般很小。通常铰孔的加工精度达 IT6~IT9 级，表面粗糙度可达 Ra0.8~1.6 μm。

按使用情况，铰刀分为手用铰刀（见图 2-21）和机用铰刀（见图 2-22）两种。机用铰刀又可分为直柄铰刀和锥柄铰刀，手用铰刀则是直柄型的。数控铣床及加工中心采用的铰刀为机用铰刀，由工作部分、颈部和柄部组成。工作部分主要起切削和校准作用，切削部分为锥形，担负主要切削工作，校准部分的作用是校正孔径、修光孔壁导向。

图 2-21　手用铰刀　　　图 2-22　直槽和螺旋槽机用铰刀

（五）镗刀

镗孔加工是在已有孔的基础上，将孔的直径扩大或提高孔的精度。镗孔加工精度可达 IT6~IT7 级，表面粗糙度为 $Ra6.3~0.8\ \mu m$，精镗可达 $Ra0.4\ \mu m$。

镗削用镗刀分为粗镗刀和精镗刀，如图 2-23 所示。镗刀有焊接式和可转位片式，既可以加工盲孔，又可以加工通孔。粗镗刀用于对铸造孔和预加工孔进行加工，其结构简单，用螺钉将镗刀刀头装夹在镗杆上，镗孔时孔径的大小靠调整刀具的悬伸长度来保证，调整麻烦，效率低。精镗刀用于孔的精加工，一般选用可调精镗刀，精镗刀可分为单刃和多刃，可调精镗刀的径向尺寸可以在一定范围内进行调节，调整方便，精度高。

在选择镗刀时应注意以下五点要求。

（1）尽可能选择直径较大的刀杆，刀杆直径尽可能接近镗孔直径。

（2）尽可能选择长度较短的刀杆，当工作长度小于 4 倍刀杆直径时，可选用钢制刀杆，加工要求较高的孔可采用硬质合金刀杆；当工作长度为 4~7 倍刀杆直径时，小孔采用硬质合金制刀杆，大孔采用减振刀杆；当工作长度大于 7 倍刀杆直径时，必须使用减振刀杆。

可调双刃粗镗刀　　　　　　可调单刃精镗刀

图 2-23　镗刀

（3）选择刀刃圆弧小的无涂层刀片，或者使用较小的刀尖半径，主偏角应大于 75°。

（4）精加工时采用正切削刃的刀片和刀具，粗加工时采用负切削刃的刀片和刀具。

（5）镗较深的盲孔时，需采用效率高的冷却方式。

（六）丝锥

丝锥为一种加工内螺纹的刀具。攻丝的加工精度取决于丝锥的精度。

丝锥是加工各种中、小尺寸内螺纹的刀具，它结构简单，使用方便，既可手工操作，也可以在机床上工作，在生产中应用非常广泛。对于小尺寸的内螺纹，丝锥是唯一的加工刀具。丝锥由工作部分和柄部组成，工作部分包括切削部分和校准部分。

丝锥的种类有手用丝锥、机用丝锥、螺母丝锥、挤压丝锥等，如图 2-24 所示。

机用丝锥用高速钢或涂层材料制成，整体式结构，柄部为直柄。

| 手用丝锥 | 机用丝锥 | 螺母丝锥 | 挤压丝锥 |

图2-24　丝锥种类

数控铣床和加工中心大多采用攻螺纹的方法来加工内螺纹，所用刀具为机用丝锥。

攻丝是比较困难的加工工序，因为丝锥几乎是被埋在工件中进行切削的，其每齿的加工负荷比其他刀具都要大，并且丝锥沿着螺纹与工件接触面非常大，切削螺纹时它必须容纳并排除切屑，可以说丝锥是在很恶劣的条件下工作的，因此冷却至关重要。如果高速钢丝锥过热，则丝锥会折断、烧损。

与高速钢相比，硬质合金硬度高、脆性大，用硬质合金丝锥攻丝，存在切屑处理的问题。即使如此，硬质合金丝锥对于加工铸铁和铝合金材料，使用效果依然良好。

丝锥通常分单支或成组的。中小规格的通孔螺纹可用单支丝锥一次攻成。当加工盲孔或大尺寸螺孔时常用成组丝锥，即用2支以上的丝锥依次完成一个螺孔的加工。

成组丝锥有等径和不等径丝锥两种。等径丝锥，各支仅切削锥长度不同；不等径丝锥，各支螺纹尺寸均不相同，只有最后一支才具有完整的齿形。

（七）球头刀

球头刀（见图2-25）是刀刃类似球头的刀具，用于铣削各种曲面和圆弧沟槽。

图2-25　球头刀

三、刀具材料

常用的刀具材料有高速钢、硬质合金、涂层硬质合金等。

高速钢具有较高的强度和韧性，适用于复杂（成形）刀具和精密刀具，高速钢刀具耐热性差。

硬质合金具有高硬度、高耐磨性、高耐热性，抗弯强度和冲击韧性差，应用比较广泛。

涂层硬质合金在普通硬质合金的基体上通过"涂镀"新工艺使刀具的耐磨、耐热、耐腐蚀性能大大提高，使用寿命可提高1~3倍。涂层材料有TIC、TIN、AlTiN（氮化钛铝）、TiAlN（氮铝化钛）。

四、刀具装夹

（一）刀具安装的辅具

常用的铣刀刀具安装辅具有锁刀座、月牙扳手等，如图2-26和图2-27所示。锁刀座是铣刀在刀柄中装卸的装置。当刀柄装入刀具时，把刀柄放在锁刀座上，锁刀座上的键对准刀柄上的键槽，使刀柄无法转动，然后用月牙扳手锁紧螺母。

图2-26　锁刀座　　　　　　　　　图2-27　月牙扳手

（二）数控铣刀安装步骤

（1）将刀柄放入锁刀座，刀柄卡槽对准锁刀座的凸起部分。

（2）将弹簧夹头压入夹紧螺母（锁紧螺母／螺纹套）。

（3）将夹紧螺母拧到刀柄上，旋转1~2圈。

（4）将刀具放入弹簧夹头中，留出合适的装夹长度，用手拧紧夹紧螺母。

（5）用月牙扳手将夹紧螺母锁紧，完成刀具在刀柄中的安装。

（三）安装注意事项

（1）严禁用手直接触摸刀柄锥面，以避免精密部位生锈。

（2）装夹时要将弹簧夹头、锁紧螺母清理干净。

（3）在弹簧夹头与夹紧螺母的安装过程中，夹头和螺母必须先倾斜一定的角度，然后放入夹紧螺母的锁紧卡槽内。

（4）不可用加长强力扳手，防止损坏刀具和夹具。

知识三　数控铣床夹具知识

一、平口钳

平口钳是数控铣床上最常用的通用夹具，主要用于装夹尺寸较小的方形和圆柱形工件，如图2-28所示。装夹时必须将工作台擦净，同时将平口钳底面擦净，然后用压板、螺栓将平口钳固定在工作台上。

普通型　　　　　　　　精密型　　　　　　　　液压型

图 2-28　平口钳

在使用平口钳时，必须利用百分表对固定钳口进行校正（非活动钳口），保证工件安装位置与工作台移动方向平行。进行校正时，将百分表测头与固定钳口长度方向的中部接触，然后移动横向工作台，根据显示的偏摆方向进行调整，同时移动垂直方向，可校核固定钳口与工作台的垂直度误差，如图 2-29 所示。

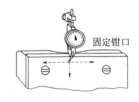

图 2-29　平口钳校正

二、三爪卡盘

对于结构尺寸不大的圆柱零件，可以利用三爪卡盘进行装夹，如图 2-30 所示。

优点：具有自动定心功能，装夹工件后一般不需找正，适用于夹持表面光滑的圆柱形、六角形截面的工件。

缺点：夹紧力小，受卡盘制造精度、使用过程中安装造成的磨损、铁屑末等影响，定心精度不高，误差约为 0.05~0.15 mm。

在装夹时，如果装夹精度要求较高，必须对工件进行找正。找正时，将百分表固定在主轴上，触头接触外圆侧母线，上下移动主轴，根据百分表读数用铜棒轻敲工件进行调整，当主轴上下移动过程中百分表读数不变时，表示工件母线平行于 Z 轴，如图 2-31 所示。

　　　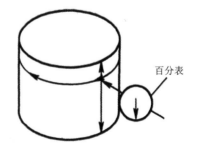

图 2-30　三爪卡盘装夹工件　　　图 2-31　工件在三爪卡盘上找正

三、压板

无法采用平口钳装夹时，可以直接用压板装夹。在数控铣床和加工中心上，常用

T形槽螺栓与压板配合使用的装夹方式。使用T形槽螺栓装夹时，要将工作台面的T形槽内的铁屑和杂物等清理干净，否则T形螺栓无法到达预定位置。垫铁＋压板＋螺栓装夹如图2-32所示。

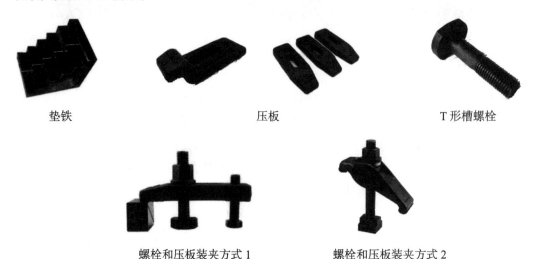

垫铁　　　　　　　　　　压板　　　　　　　　　　T形槽螺栓

螺栓和压板装夹方式1　　　　　　螺栓和压板装夹方式2

螺栓和压板装夹方式3

图2-32　垫铁＋压板＋螺栓装夹

四、万能夹具组、组合压板

　　万能夹具组、组合压板一般由58件夹具组成，每套包括6只T形槽螺母、6只法兰螺母、4只连续螺母、12块阶梯垫铁、6块阶梯压板、24根双端螺栓（长度分别为3寸、4寸、5寸、6寸、7寸、8寸，各4根，规格有M8、M10、M12、M14、M16、M18、M20）如图2-33所示。

图2-33　万能夹具组、组合压板

数控铣床编程知识

程序段中功能字位置可以不固定，一般习惯顺序：N、G、X、Y、Z、F、S、T、D、M。

（1）数控装置初始状态的设置。

当机床打开电源时，数控铣床将处于初始状态。为了保证程序的安全运行，程序开始应有程序初始状态设定，可通过 MDI 方式更改。

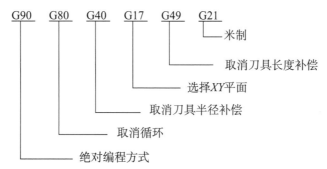

（2）加工平面指令 G17、G18、G19，如表 2-6 所示。

表 2-6　加工平面指令 G17、G18、G19

指令格式	指令含义	使用说明
G17	XY 平面	加工平面选择指令，为模态指令，可相互注销，立式铣床 / 加工中心 G17 为默认值
G18	XZ 平面	
G19	YZ 平面	

（3）刀具指令 T，如表 2-7 所示。

表 2-7　刀具指令 T

指令格式	指令含义	使用说明
T__	指令 T 后的前两位数字表示刀具号	T01，表示 1 号刀具；与 M06 连用，M06 T01，表示换 1 号刀具

（4）快速定位指令 G00，如表 2-8 所示。

表 2-8　快速定位指令 G00

指令格式	G00 X_ Y_ Z_ ；
指令含义	X、Y、Z 表示移动终点绝对坐标值
使用说明	在 G00 时，刀具以点位控制方式快速移动到目标位置，其移动速度由系统来设定。因此要注意刀具在运动过程中是否与工件及夹具发生干涉。 G00 指令为模态有效指令，一经使用持续有效。 G00 指令只能使用在空行程或进、退刀场合，以缩短时间，提高效率

续表

示例	如图所示，刀具要快速从 *A* 点移动到 *B* 点指定位置，用 G00 编程。 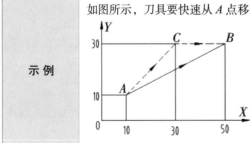 绝对坐标方式：G54 G90 G00 X50 Y30； 增量坐标方式：G54 G91 G00 X40 Y20；

（5）直线插补指令 G01，如表 2-9 所示。

表 2-9　直线插补指令 G01

指令格式	G01 X_Y_Z_F_；
指令含义	*X*、*Y*、*Z* 表示目标点绝对坐标； *F* 表示刀具直线插补速度
使用说明	使刀具以指定的进给速度沿直线移动到目标点
示例	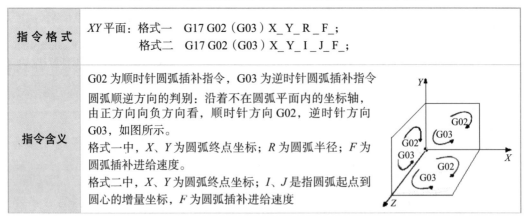 绝对坐标方式：G54 G90 G01 X50 Y30 F__； 增量坐标方式：G54 G91 G01 X40 Y20 F_； G01 指令是模态指令，下两行的 G01 指令可以省略不写。*F* 表示进给量，若程序前面已指定，可以省略

（6）顺时针圆弧插补指令 G02、逆时针圆弧插补指令 G03，如表 2-10 所示。

表 2-10　顺时针圆弧插补指令 G02、逆时针圆弧插补指令 G03

指令格式	*XY* 平面：格式一　G17 G02（G03）X_Y_R_F_； 　　　　　格式二　G17 G02（G03）X_Y_I_J_F_；
指令含义	G02 为顺时针圆弧插补指令，G03 为逆时针圆弧插补指令 圆弧顺逆方向的判别：沿着不在圆弧平面内的坐标轴，由正方向向负方向看，顺时针方向 G02，逆时针方向 G03，如图所示。 格式一中，*X*、*Y* 为圆弧终点坐标；*R* 为圆弧半径；*F* 为圆弧插补进给速度。 格式二中，*X*、*Y* 为圆弧终点坐标；*I*、*J* 是指圆弧起点到圆心的增量坐标，*F* 为圆弧插补进给速度

续表

使用说明	终点坐标＋圆弧半径格式中，当圆弧圆心角≤180°时，R 值为正；当圆弧的圆心角＞180°时，R 值为负。 终点坐标＋圆弧半径格式不能编制整圆零件加工。 终点坐标＋圆心坐标格式不仅可用于加工一般圆弧，还可用于整圆加工。 终点坐标＋圆心坐标格式中不管是用 G90 还是用 G91 指令，I、J 均表示圆弧圆心相对于圆弧起点的增量值
示　例	如图：逆时针加工　加工整圆，刀具起点和重点均为 A 点。 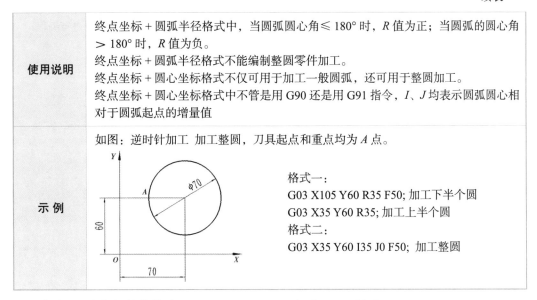 格式一： G03 X105 Y60 R35 F50; 加工下半个圆 G03 X35 Y60 R35; 加工上半个圆 格式二： G03 X35 Y60 I35 J0 F50; 加工整圆

（7）刀具半径补偿指令 G41、G42、G40，如表 2-11 所示。

表 2-11　刀具半径补偿指令 G41、G42、G40

指令格式	G41/G42　G01/G00　X____Y____D 　　　　…… 　　　　…… 　　　　…… G40　G01/G00　X____Y____
使用说明	G41、G42 分别是指刀具半径左补偿和右补偿； 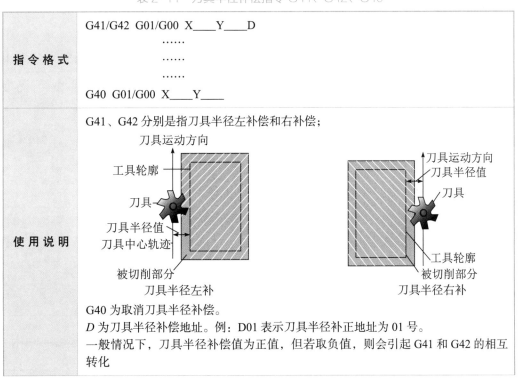 G40 为取消刀具半径补偿。 D 为刀具半径补偿地址。例：D01 表示刀具半径补正地址为 01 号。 一般情况下，刀具半径补偿值为正值，但若取负值，则会引起 G41 和 G42 的相互转化

续表

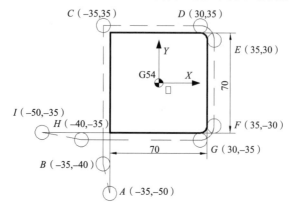

顺序号	程序	注释
	例：直径为 10mm 的刀具加工如图所示的零件，试用刀具半径补偿指令进行编程。	
N10	G54 G90 G17 G40	建立加工坐标系
N20	M03 S1000	
N30	G00 X-35 Y-50	A 点定位
N40	G41 G01 X-35 Y-40 F100 D01	AB 建立刀补
N50	Y35	BC 沿切线切入加工
N70	X30	切削到 D 点
N80	G02 X35 Y30 R5	圆弧切削到 E 点
N90	G01 Y-30	切削到 F 点
N100	G02 X30 Y-35 R5	圆弧切削到 G 点
N110	G01 X-40	GH 沿切线切出
N120	G40 G00 X-50 Y-35	HI 取消刀补
N130	G00 Z100	抬刀
N140	M05	
N150	M30	

示 例

注意：

刀具只有在平面内直线运动时，才可建立或取消刀具半径补偿，在圆弧运动时，不能建立或取消刀具半径补偿。

建立刀具半径补偿的程序段，一般应在切入工件之前完成；取消刀具半径补偿的程序段，一般应在切出工件之后完成，否则会引起过切现象。

使用刀具半径补偿编程时，不必考虑刀具的半径，直接按零件图样的尺寸进行编程。如遇到上述例题的情况，在 D01 中直接输入刀具半径值 5 即可。

具有刀补偿时要先进行坐标旋转才可进行刀具半径补偿和刀具长度补偿；在有缩放功能时，要先缩放后旋转，各指令排列顺序如下：

续表

示 例	G51··· G68··· G41/G42··· G40··· G69··· G50··· 刀具半径补偿的应用： 应用刀具半径补偿指令加工时，刀具中心始终与零件轮廓相距一个刀具半径值。当刀具磨损时，刀具半径变小，只需在刀具半径补正 D 地址处输入改变后的刀具半径，不必修改程序。 应用刀具半径补偿功能，可实现利用一把刀具、同一个程序对零件进行粗、精加工

（8）刀具长度补偿 G43、G44、G49，如表 2-12 所示。

表 2-12　刀具长度补偿 G43、G44、G49

指 令 格 式	G43/G44 G01/G00 Z____H____ 　　　··· 　　　··· 　　　··· 　　　G49 G01/G00 Z____
使 用 说 明	G43、G44 分别指刀具长度的正补和负补。 G49 取消刀具长度补偿。 H 为刀具长度补正地址。 一般情况下，刀具长度补偿值为正值，但若取负值，则会引起 G43 和 G44 的相互转化
示 例	例：如图所示，试用刀具长度补偿指令进行编程。假设 H01=5　H02=4。 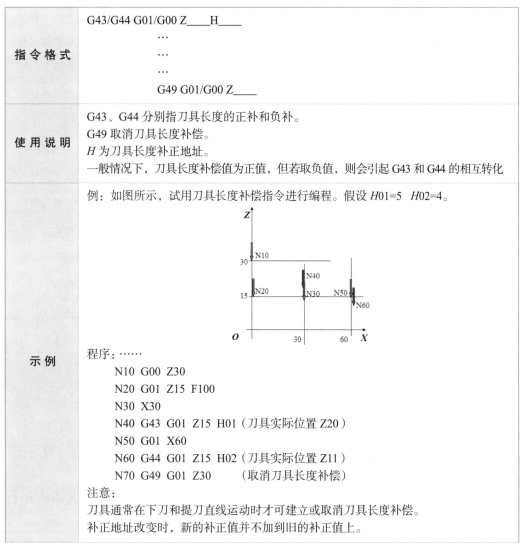 程序：…… 　　N10　G00　Z30 　　N20　G01　Z15　F100 　　N30　X30 　　N40　G43　G01　Z15　H01（刀具实际位置 Z20） 　　N50　G01　X60 　　N60　G44　G01　Z15　H02（刀具实际位置 Z11） 　　N70　G49　G01　Z30　　　（取消刀具长度补偿） 注意： 刀具通常在下刀和提刀直线运动时才可建立或取消刀具长度补偿。 补正地址改变时，新的补正值并不加到旧的补正值上。

续表

示 例	例：设 H01=10 H02=20 则 G43 Z100 H01(Z 向移动到 110mm) G43 Z100 H02(Z 向移动到 120mm) 也可采用 G43…H00 或 G44…H00 取消刀具长度补偿。 刀具长度补偿的应用： 使用刀具长度补偿指令，在编程时就不必考虑刀具的实际长度及各把刀具不同的长度尺寸。 当由于刀具磨损、更换刀具等原因引起刀具长度尺寸变化时，只要修正刀具长度补偿量，而不必调整程序或刀具

（9）孔加工固定循环指令，如表 2-13 所示。

表 2-13　孔加工固定循环指令

G 代码	加工动作（−Z 方向）	孔底的动作	退刀动作（+Z 方向）	用途
G73	间歇进给	—	快速进给	高速深孔加工循环
G74	切削进给	暂停、主轴正转	切削进给	左螺纹攻螺纹循环
G76	切削进给	主轴准停	快速进给	精镗
G80	—	—	—	取消固定循环
G81	切削进给	—	快速进给	钻孔
G82	切削进给	暂停	快速进给	锪孔、镗阶梯孔
G83	间歇进给	—	快速进给	深孔加工循环
G84	切削进给	暂停、主轴正转	快速进给	右螺纹攻螺纹循环
G85	切削进给	—	切削进给	镗孔
G86	切削进给	主轴停	快速进给	镗孔
G87	切削进给	主轴正转	快速进给	背镗孔
G88	切削进给	暂停、主轴正转	手动	镗孔
G89	切削进给	暂停	切削进给	镗孔

①固定循环指令通用格式：

G90 (G91) G98 (G99) G73~G89 X_Y_Z_R_Q_P_F_K_;

说明：

与 G90 方式配合使用，R、Z 指相对工件坐标系的 Z 向坐标值，此时 R 一般为正，Z 为负，如图 2-34 所示。

与 G91 方式配合使用，R 值是指从初始平面到 R 平面的增量，而 Z 值是指从 R 平面到孔底平面的增量，如图 2-34 所示。

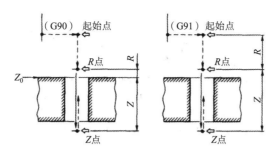

图 2-34　孔加工的绝对坐标和相对坐标

与 G98 方式配合使用：返回到初始平面，一般采用固定循环加工孔时，不用返回到初始平面，只有在全部孔加工完成后或孔之间存在凸台、夹具等时，才回到初始平面，如图 2-35 所示。

与 G99 方式配合使用：返回到 R 平面，在没有凸台等干涉情况下，加工孔时，为了节省加工时间，刀具一般返回到 R 点参考平面，如图 2-35 所示。

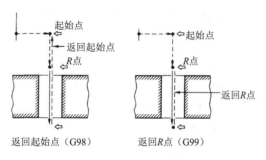

图 2-35　孔加工返回初始平面和返回 R 平面

X、Y：孔在 XY 平面内的位置。

Z：孔底平面的位置。

R：R 点参考平面的位置。

Q：钻孔时，间歇进给刀具每次加工深度；镗孔时为刀尖反方向移动的距离。

P：孔底的暂停时间（数字不加小数点，单位为 ms，小数点编程无效）。

F：进给速度。

K：孔加工循环的次数。

对于孔加工循环通用格式，并不是每种孔加工循环的编程都要用以上格式的所有代码。在以上格式中，除了 K 代码外，其他所有代码都是模态代码，只有在循环取消时才被清除，因此这些指令一旦制订，后面的重复加工中就不必重复制订了。

K 仅在指定的程序段内有效，为非模态代码。K 在 G91 方式下，对等间距孔进行重复钻孔；K 在 G90 方式下，在相同位置重复钻孔。当 $K=0$，则不执行钻孔，只保存数据。

取消孔加工循环用 G80 指令。

② G73、G83 高速深孔排屑钻孔循环指令：

```
G73 X_Y_Z_R_Q_F_K_;
G83 X_Y_Z_R_Q_F_K_;
```

G73 指令和 G83 指令一般用于较深的孔加工，G73 又称为啄式孔加工指令，分多次工作进给，每次进给深度由 Q 指定（一般 2~3 mm），且每次工作进给后都快速回退一段距离 d（由参数设定，通常为 0.1 mm）。这种加工方法通过 Z 轴间歇性地进给，可以比较容易实现断屑与排屑，如图 2-36 所示。

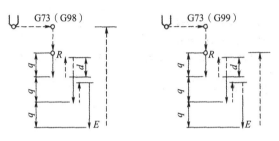

图 2-36　G73 动作顺序

G83 指令同样通过 Z 轴方向间歇性地进给以达到断屑与排屑的目的。但与 G73 指令不同的是，G83 指令在刀具间歇进给后快速回退到 R 点，再快速进给到 Z 向距上次切削孔底平面 d 处，从该点处由快进变成工进，工进距离为 $q+d$，这种方式多用于加工深孔。

G73 指令与 G83 指令相比，G73 指令不回到 R 平面，排屑效果没有 G83 指令好，但效率高。

③ G81、G82 钻孔（锪孔）循环指令：

```
G81 X_Y_Z_R_F_K_;
G82 X_Y_Z_R_P_F_K_;
```

G81 指令用于一般正常的钻孔，切削进给执行到孔底，然后刀具从孔底快速移动退回，如图 2-37 所示。G82 指令类似于 G81，只是在孔底增加了进给后的暂停动作。因此在不通孔加工中，提高了孔底表面粗糙度，故常用于锪孔或加工台阶孔。

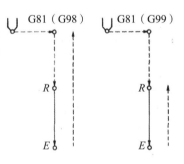

图 2-37　G81 指令循环动作

④ G85、G86、G88、G89 镗孔循环指令：

```
G85 X_Y_Z_R_F_;          G89 X_Y_Z_R_P_F_;
G86 X_Y_Z_R_P_F_;        G88 X_Y_Z_R_P_F_;
```

执行 G85 指令，刀具以切削进给方式加工到孔底，然后以切削进给方式返回到 R 平面。可以用于较精密的镗孔、铰孔、扩孔等，孔底不停留，如图 2-38 所示。执行

G89 指令，刀具以切削方式加工到孔底，然后主轴停转，刀具快速退到 R 平面后，主轴正转，如图 2-39 所示。由于刀具在退回过程中容易在工件表面划出条痕，所以该指令常用于精度不高或表面粗糙度要求不高的镗孔加工。

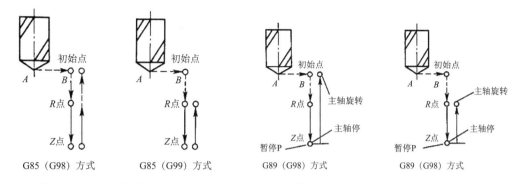

图 2-38　G85 指令循环动作　　　　图 2-39　G89 指令循环动作

G86 和 G88 在动作指令上基本一样，都是用 F 的速度到孔底（中间没有抬刀），不同的是刀具工进到孔底后，G86 是主轴在不转的情况下快速返回，然后主轴再重新启动，如图 2-40 所示。而 G88 在孔底时有延时，主轴停止转动，系统进入保持状态，在此情况下可以执行手动操作返回，然后再按循环启动按钮，主轴重新转动，如图 2-41 所示。在进行 G86 和 G88 循环之前都要事先打底孔，最好先倒角，防止毛边翻到孔里面去。

G85 进给速度镗进，G86 进给镗进，主轴不转停；G88 进给镗进，主轴不转停，G89 进给镗进，主轴旋转暂停。G85 进给速度镗出，G86 主轴快速出；G88 手摇出主轴，G89 主轴进给镗出。

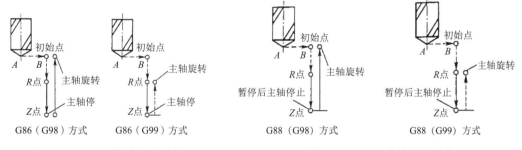

图 2-40　G86 指令循环动作　　　　图 2-41　G88 指令循环动作

⑤ G76、G87 精镗孔指令和背镗孔指令：

```
G76 X_ Y_ Z_ R_ Q_ P_ F_ ;
G87 X_ Y_ Z_ R_ Q_ F_ ;
```

执行 G76 指令时，镗刀先快速确定位置坐标点，再快速定位至 R 点，接着以 F 指定的进给速度镗孔至 Z 向指定深度，主轴定向停止，使刀尖指向一固定方向后，镗刀中心偏移使刀尖离开加工孔面，这样镗刀以快速定位方式退出孔外时，才不至于划伤孔面，如图 2-42 所示。当镗刀退回到 R 点或起始点时，刀具中心即回到原来位置，主轴恢复转动。

执行 G87 指令时，镗刀快速定位到镗孔加工循环起始点，主轴准停，刀具沿刀尖的反方向偏移，快速运动到孔底位置。刀尖正方向偏移回加工位置，主轴正转；刀具向上进给，到参考平面 R；主轴准停，刀具沿刀尖的反方向偏移 Q 值；镗刀快速退出到初始平面，沿刀尖正方向偏移，如图 2-43 所示。该指令不能用 G99 循环。总结成一句话：G87 进给镗进，主轴准停，G87 主轴偏移，快速出。

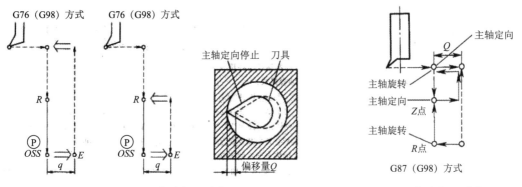

图 2-42　G76 指令循环动作　　　　图 2-43　G87 指令循环动作

⑥ G74 左旋攻螺纹加工循环指令：

G74 X_ Y_ Z_ R_ F_ ;

由于此指令用于攻左旋螺纹，故需先使主轴反转再执行 G74 指令，刀具先快速定位至 X、Y 所指定的坐标位置，再快速定位到 R 点，接着以 F 所指定的进给速度攻螺纹至 Z 所指定的坐标位置后，主轴转换为正转，同时 Z 轴正方向退回至 R 点，退回至 R 点后主轴恢复原来的反转，如图 2-44 所示。

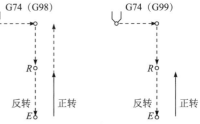

与 G84 的区别：进给时主轴反转，退出时主轴正转。各参数的意义同 G84。

⑦ G84 螺纹加工循环指令：

图 2-44　G74 指令循环动作

G84 X_ Y_ Z_ R_ F_ ;

攻螺纹过程要求主轴转速 S 与进给速度 F 成严格的比例关系，因此，编程时要求根据主轴转速计算进给速度，进给速度（F）= 主轴转速 × 螺纹螺距，其余各参数的意义同 G81。

使用 G84 攻螺纹进给时主轴正转，退出时主轴反转。与钻孔加工不同的是攻螺纹结束后的返回过程不是快速运动，而是以进给速度反转退出，如图 2-45 所示。

该指令执行前，甚至可以不启动主轴，当执行该指令时，数控系统将自动启动主轴正转。

其动作过程如下：

a. 主轴正转，丝锥快速定位到螺纹加工循环起始点；

b. 丝锥沿 Z 方向快速运动到参考平面 R；

c. 攻丝加工；

d. 主轴反转，丝锥以进给速度反转退回到参考平面 R；

e. 当使用 G98 指令时，丝锥快速退回到初始平面。

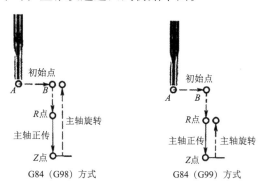

图 2-45 G84 指令循环动作

（10）镜向指令 G51.1，如表 2-14 所示。

表 2-14 镜向指令 G51.1

指 令 格 式	G51.1 X_Y_Z_； …… G50.1；
指 令 含 义	设置可编程镜向
使 用 说 明	使用镜像功能后，G02 和 G03，G42 和 G41 指令被互换。 在可编程镜像方式中，与返回参考点有关指令和改变坐标系指令（G54~G59）等有关代码不需指定。 FANUC 系统还可通过机床面板实现镜像功能。如果指定可编程镜像功能，同时又用 CNC 外部开关或 CNC 设置生成镜像时，则可编程镜像功能首先执行
示 例	例：加工四个象限的零件。 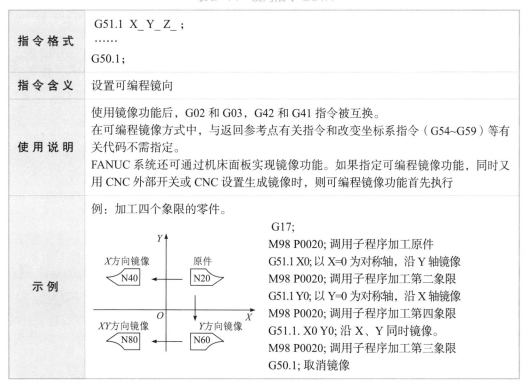 G17; M98 P0020; 调用子程序加工原件 G51.1 X0; 以 X=0 为对称轴，沿 Y 轴镜像 M98 P0020; 调用子程序加工第二象限 G51.1 Y0; 以 Y=0 为对称轴，沿 X 轴镜像 M98 P0020; 调用子程序加工第四象限 G51.1. X0 Y0; 沿 X、Y 同时镜像。 M98 P0020; 调用子程序加工第三象限 G50.1; 取消镜像

（11）比例缩放指令 G51，如表 2-15 所示。

表 2-15 比例缩放指令 G51

指 令 格 式	G51 X_Y_Z_P_ …… G50	G51 X_Y_Z_I_J_K_ … G50

续表

指令含义	等比例缩放	沿各轴以不同比例缩放
使用说明	X、Y、Z 表示比例中心坐标。 P 表示比例系数，最小输入量为 0.001，比例系数的范围为：0.001~999.999。该指令以后的移动指令，从比例中心点开始，实际移动量为原数值的 P 倍。P 值对偏移量无影响	X、Y、Z 表示比例中心坐标（绝对方式）。 I、J、K 表示对应 X、Y、Z 轴的比例系数，在 $\pm 0.001 \sim \pm 9.999$ 范围内。系统一般设定 I、J、K 不能带小数点，即比例为 1 时，应输入 1000。 当各轴用不同比例缩放，缩放比例为"1000"时可获得镜像加工功能
	对于圆弧，各轴指定不同的缩放比例，刀具也不会走出椭圆轨迹。 当缩放基点为坐标轴原点时，可以省略。 具有刀具补偿时，要先进行缩放，才可进行刀具半径补偿和刀具长度补偿	
示例	例：加工四个象限的零件。 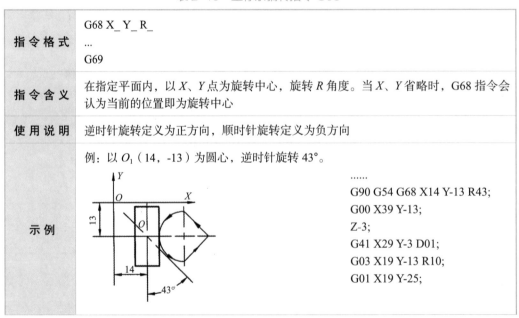	...... G17； M98 P0020；调用子程序加工原件。 G51 I-1000 J1000；以 X=0 为对称轴，沿 Y 轴镜像。 M98 P0020；调用子程序加工第二象限。 G51 I100 J-1000；以 Y=0 为对称轴，沿 X 轴镜像。 M98 P0020；调用子程序加工第四象限。 G51 I-1000 J-1000；沿 X、Y 同时镜像。 M98 P0020；调用子程序加工第三象限。 G50；取消镜像。 ......

（12）坐标系偏转指令 G68，如表 2-16 所示。

表 2-16　坐标系偏转指令 G68

指令格式	G68 X_ Y_ R_ ... G69
指令含义	在指定平面内，以 X、Y 点为旋转中心，旋转 R 角度。当 X、Y 省略时，G68 指令会认为当前的位置即为旋转中心
使用说明	逆时针旋转定义为正方向，顺时针旋转定义为负方向
示例	例：以 O_1（14，-13）为圆心，逆时针旋转 43°。 ...... G90 G54 G68 X14 Y-13 R43； G00 X39 Y-13； Z-3； G41 X29 Y-3 D01； G03 X19 Y-13 R10； G01 X19 Y-25；

续表

| 示　例 | G91 X-10;
Y24;
X10;
Y-12;
G90 G03 X29 Y-23 R10;
G00 G40　X39 Y-13;
G69;
Z100;
……　 |

（13）坐标系偏移指令（局部坐标系指令）G52，如表 2-17 所示。

表 2-17　坐标系偏移指令（局部坐标系指令）G52

指令格式	G52 X_ Y_ Z_ …… G52 X0 Y0 Z0
指令含义	通过指令将工件坐标系原点偏移到需要的位置。X、Y、Z 为工件坐标系中 X、Y、Z 轴方向偏移值
使用说明	坐标系偏移指令要求为一个独立程序段。 坐标系偏移指令可以对所有坐标轴零点进行偏移。 坐标系偏移指令有多种，可设定的偏移（如 G54、G55 等）、可编程的偏移等
示　例	如图所示，将工作坐标系分别偏移到槽 1、槽 2 的几何中心上。 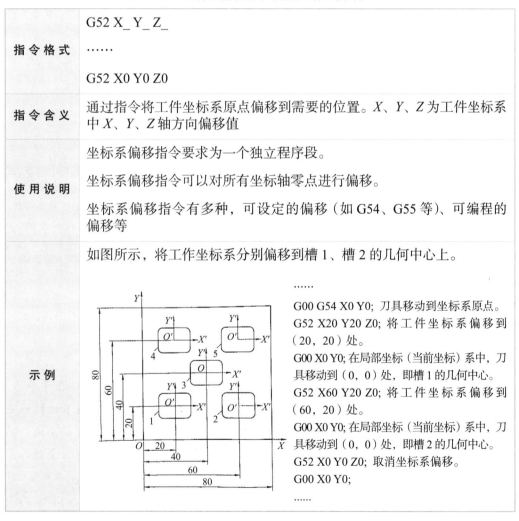 …… G00 G54 X0 Y0; 刀具移动到坐标系原点。 G52 X20 Y20 Z0; 将工件坐标系偏移到（20，20）处。 G00 X0 Y0; 在局部坐标（当前坐标）系中，刀具移动到（0，0）处，即槽 1 的几何中心。 G52 X60 Y20 Z0; 将工件坐标系偏移到（60，20）处。 G00 X0 Y0; 在局部坐标（当前坐标）系中，刀具移动到（0，0）处，即槽 2 的几何中心。 G52 X0 Y0 Z0; 取消坐标系偏移。 G00 X0 Y0; ……

（14）极坐标指令 G16，如表 2-18 所示。

表 2-18　极坐标指令 G16

指令格式	G16; G00/G01 IP_;
指令含义	极坐标开始指令，以工件坐标系原点作为极坐标极点，若程序中采用坐标系偏移（偏转）指令后，则以偏移（偏转）后的坐标系原点作为极坐标极点。 IP 构成极坐标指令的轴地址和指令值。 平面的第一轴（如 G17 平面中的 X 轴）：指定极坐标的半径。 平面的第二轴（如 G17 平面中的 Y 轴）：指定极坐标的极角
使用说明	（1）使用极坐标系的时候需用 G17、G18、G19 指令选择所在平面，立式铣床是指 G17 平面。 （2）极坐标系中，同样可以运行 G00、G01、G02、G03 等坐标轴移动指令；FAUNC 系统可以插补圆心不在极点的圆弧，指令格式为 "G02/G03 X_ Y_ R_;"，其中，X 为圆弧终点极坐标半径，Y 为圆弧终点极角，R 为圆弧半径。 （3）在绝对坐标指令 / 增量坐标指令下都可以指定极坐标半径和极角。 （4）极角是指该点和基点的连线与所在平面中的横坐标轴（第一轴）之间的夹角（如 G17 平面中 X 轴，G18 平面中 Y 轴，G19 平面中 Z 轴），且逆时针方向为正，顺时针方向为负
示例	如图所示，将工作坐标系分别偏移到槽 1、槽 2 的几何中心上。 G54 G90 M3 S1000; G01 X0 Y0 F100; 刀具加工至直角坐标系中的原点位置。 G17 G16; 选择 XOY 平面，FAUNC 系统建立极坐标系。 G01 X42 Y22; 极坐标系中，直线加工到 A 点。 G03 X60 Y75 R30; 极坐标系中，圆弧加工到 B 点。 G15; 取消极坐标系。 ……

学思践悟

华中数控——大国重器

数控机床是装备制造的"工作母机"，其技术水平代表着一个国家的综合竞争力。数控系统是机床装备的"大脑"，是决定数控机床功能、性能、可靠性、成本价格的关键因素，也是制约我国数控机床行业发展的瓶颈。特别是对于国防工业急需的高速、高精、多轴联动的高档数控机床和高档数控系统，一直是重要的国际战略物资，受到西方国家严格的出口限制。历史上著名的"东芝事件""考克斯报告""伊朗离心机事件""斯诺登事件"等，都充分说明自主可控的数控系统对于我国的重要性不亚于人们非常关注的"大飞机"、计算机 CPU 芯片和操作系统软件。基础薄弱、"缺心少脑"一直是"中国制造"的短板。要实现《中国制造 2025》的目标，形成"中国智造"的核心竞争力，离不开数控系统包括伺服驱动、伺服电机等关键技术的自主创新和安全可控。

　　2009 年，国家启动科技重大专项"高档数控机床与基础制造装备"（04 专项），支持以华中数控为代表的国内数控系统企业和机床企业在高档数控机床上的努力，对提升我国高档数控系统技术水平起到推动作用，实现了高档数控系统技术瓶颈的突破，填补了部分高档机床的空白。2017 年，04 专项又投入资金实施"换脑工程"，即在国防军工领域用国产数控系统替换进口数控系统。上海航天设备制造总厂配套的华中 8 型系统如图 2-46 所示。

图 2-46　上海航天设备制造总厂配套的华中 8 型系统

　　综合应用高档数控技术、工业机器人、工业软件等智能制造相关技术，华中数控承担了《中国制造 2025》示范项目——面向 3C 加工的智能工厂，专家评价"该项目全面达到国际先进水平"。该项目利用自主知识产权的国产数控系统配套国产高速钻攻中心机床装备，与国产工业机器人配套，同时采用先进的智能化制造执行系统等技术手段，应用于智能手机等 3C 产品的生产制造，实现"国产装备装备中国 3C 制造业"的格局，为"中国制造 2025"战略在我国 3C 制造业的推进形成典型示范，具有重大意义。

（来源：搜狐网，2022 年 11 月 24 日，有删改）

下篇

综合篇

学习目标 >

知识目标

❶ 熟练掌握数控车削产品的质量检测技术。

❷ 熟练掌握数控铣削产品的质量检测技术。

❸ 了解 6S 管理和 TPM 点检制度。

能力目标

❶ 能够正确选择量具。

❷ 能够正确使用量具。

素质目标

❶ 自觉遵守安全文明生产要求，规范操作。

❷ 重视车间的安全生产与个人防护。

知识一 测量知识

一、尺寸检测

在工件加工过程之中和工件加工过程之后，都必须检查应遵守公差的尺寸和各个参考面的相互位置。长度尺寸可由机械式、电子式、气动式或光学式检测装置检测。检测装置的选择取决于具体的检测任务。

（一）游标卡尺

游标卡尺主要用于测量工件的外尺寸和内尺寸，如长度、宽度、内径、外径、孔距、深度和高度。游标卡尺结构由主尺、游标、深度尺、量爪（包括内量爪和外量爪）和紧固螺钉组成，如图 3-1 所示。

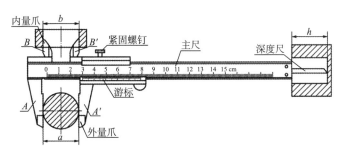

图 3-1　游标卡尺的结构

1. 游标卡尺的读数

游标卡尺在制造时，将 1 mm 划分成 20 等份，则游标卡尺上每一格的距离是 1/20 mm = 0.05 mm，这就是该游标卡尺的测量精度，所以图上所示的读数为 16+0.15=16.15。如图 3-2 所示。

如果将 1 mm 划分成 50 等份，游标卡尺上每一格的距离就是 1/50 mm=0.02 mm，则其测量精度就是 0.02 mm。所以图上所示的读数为 119+0.08=119.08 mm，如图 3-3 所示。

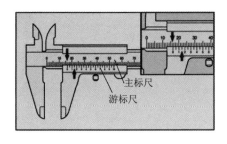

分度值 0.05；
主标尺读数 16 mm；
游标尺读数 0.15 mm；
读数值：16+0.15=16.15 mm。

图 3-2　分度值为 0.05 的游标卡尺读数方法

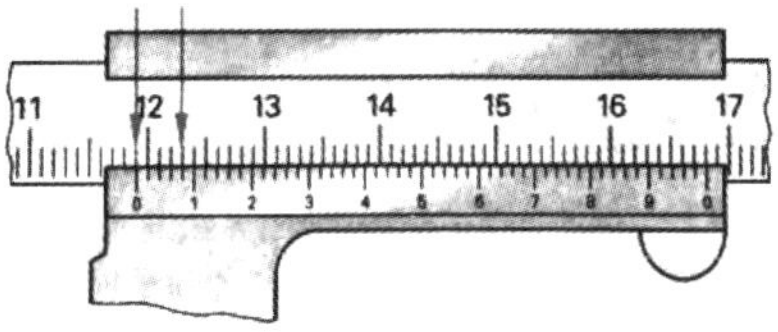

分度值 0.02；
主标尺读数 119 mm；
游标尺读数 0.08 mm；
读数值：119+0.08=119.08 mm。

图 3-3　分度值为 0.02 的游标卡尺读数

2. 使用游标卡尺时的注意事项

（1）测量面和检验面应洁净无毛刺。

（2）游标卡尺属于精密量具，要轻拿轻放，不得碰撞或跌落地下。

（3）测量时，先拧松紧固螺钉，将量爪擦拭干净，合拢卡尺量爪，校验零位，量爪与待测物的接触不宜过紧或过松。

（4）如果卡尺的测量读数在测量点难以识读，机械式游标卡尺可以锁定游标，然后小心地取出游标卡尺。

（5）被测尺寸与量爪方向不得歪斜，否则将明显增加测量误差。

（6）读数时视线应与尺面垂直。

还有两种样式的游标卡尺，一种是表盘式游标卡尺，如图 3-4 所示；另一种是数显游标卡尺，读数直接显示在 LCD 显示屏上，测量方式和普通游标卡尺一样。数显游标卡尺常用的分辨率为 0.01 mm，允许误差为 ±0.03 mm/150 mm。也有分辨率为 0.005

mm 的高精度数显卡尺，允许误差为 ±0.015 mm/150 mm，如图 3-5 所示。

图 3-4　表盘式游标卡尺　　　　图 3-5　数显游标卡尺

（二）千分尺

千分尺又称螺旋测微器、螺旋测微仪、分厘卡，是比游标卡尺更精密的测量长度的工具，用它测长度可以精确到 0.01 mm，将螺距为 0.5 mm 的测微螺杆旋转一周所移动的距离分成 50 等份，每一等份的距离就是 0.5/50 mm=0.01 mm。千分尺的结构如图 3-6 所示。

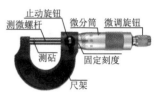

图 3-6　千分尺结构

（1）千分尺的读数方法，如图 3-7 所示。

① 先读固定刻度。

② 再读半刻度，若半刻度线已露出，记作 0.5 mm；若半刻度线未露出，记作 0.0 mm。

③ 再读可动刻度（注意估读），记作 $n \times 0.01$ mm。

④ 最终读数结果为固定刻度 + 半刻度 + 可动刻度。

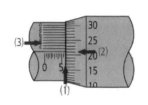

分度值 0.001 千分尺读数

分度值 0.001 mm：
（1）套管读数 6 mm；
（2）微分筒读数 $21 \times 0.01 = 0.21$ mm；
（3）游标与微分筒刻度读数 0.003 mm；
　　千分尺读数：6+0.21+0.003=6.213 mm。

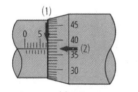

分度值 0.01 千分尺读数
图 3-7　千分尺的读数

分度值 0.01mm：
（1）套管读数 7 mm；
（2）微分筒读数 $37 \times 0.01 = 0.37$ mm；
　　千分尺读数：7+0.37=7.37 mm。

（2）千分尺的注意事项。

①测量时，注意在测微螺杆快靠近被测物体时应停止使用旋钮，而改用微调旋钮，避免产生过大的压力，既可使测量结果精确，又能保护螺旋测微器。

②在读数时，要注意固定刻度尺上表示半毫米的刻线是否已经露出。

③读数时，千分位有一位估读数字，不能随便舍弃，即使固定刻度的零点正好与可动刻度的某一刻度线对齐，千分位上也应读取为"0"。

④当测砧和测微螺杆并拢时，可动刻度的零点与固定刻度的零点不重合，将出现零误差，应加以修正，即在最后测长度的读数上去掉零误差的数值。

（3）千分尺的正确使用和保养。

①检查零位线是否准确。

②测量时需把工件被测量面擦干净。

③工件较大时应放在 V 形铁或平板上测量。

④测量前将测微螺杆和测砧擦干净。

⑤拧动活动套筒时需用棘轮装置。

⑥不要拧松后盖，以免造成零位线改变。

⑦不要在固定套筒和活动套筒间加入普通机油。

⑧用后擦净上油，放入专用盒内，置于干燥处。

（三）内径百分表

内径百分表是用来测量圆柱孔的尺寸的，用比较测量法完成测量，可用于不同孔径的尺寸及其形状误差的测量。内径百分表结构如图 3-8 所示。内径百分表可换测头的移动量，小尺寸的只有 0~1 mm，大尺寸的有 0~3 mm，它的测量范围是由更换或调整可换测头的长度来确定的。因此，每个内径百分表都附有成套的可换测头。国产内径百分表的读数值为 0.01 mm，测量范围有 10~18 mm、18~35 mm、35~50 mm、50~100 mm、100~160 mm、160~250 mm、250~450 mm。

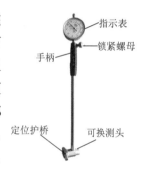

图 3-8 内径百分表结构

使用内径百分表必须先进行组合和校对零位。组合时，先将百分表装入连杆内，使小指针指在 0~1 的位置上，长针和连杆轴线重合，刻度盘上的字应垂直向下，以便于测量时观察，装好后应予以紧固。

组合好后，应根据被测孔径的大小，在专用的标准环规或千分尺上校准好尺寸后才能使用。校准内径百分表的尺寸时，选用可换测头的长度及其伸出的距离（大尺寸内径百分表的可换测头是用螺纹旋拧上去的，故可调整伸出的距离，小尺寸的不能调整），调整表盘面板位置归零，使被测尺寸在活动测头总移动量的中间位置，如图 3-9 所示。

内径百分表属于贵重仪器，因此，在粗加工时，可以用游标卡尺等量具测量，避免因工件表面粗糙不平而测量不准确，且导致测头磨损。精加工时再用其进行测量。

测量内孔时，连杆中心线应与工件中心线平行，不得歪斜。根据内径百分表的指针摆动读数及方向，读出被测孔实际尺寸与基本尺寸的偏差值，如图 3-10 所示。

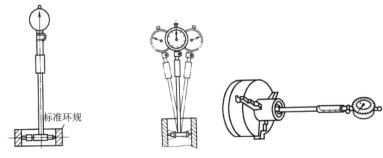

图 3-9　内径百分表的校准　　　　　图 3-10　内径百分表测量内孔

（四）塞规和卡规

对于大批量的非加工零件（如部件或整机的零件）而言，其尺寸精度并非决定性因素。它们只需"配合"，就是说，能与其他零件共同满足部件功能即可。若要使这些零件配合良好，尺寸必须仅在一个可允许的极限尺寸范围内波动。检查零件尺寸是否符合这个尺寸范围，车间里最常使用的就是量规。

使用量规检测的优点很多，检测各种不同配合尺寸是使用量规的前提条件。待检工件的数量也是使用量规的前提条件。

（1）塞规。塞规是用来检验内径尺寸的量具。常用的塞规如图 3-11 所示。

它的通端直径等于被检验孔的最小极限尺寸，止端直径等于孔的最大极限尺寸（即止端直径与直径的差，等于孔径的公差）。用塞规检验零件孔径时，如果塞规的通端能轻轻地塞入孔内，这就表示孔的实际尺寸比最小极限尺寸大，如果塞规的止端不能塞入，这就表示孔的实际尺寸比最大极限尺寸小，也就是说，零件孔径的实际尺寸是在所规定的公差范围内，是合格的。在检验中，如果出现通端塞不进或止端能塞入，都是不合格的。

塞规两端的两个圆柱面是工作面，精度很高，使用时应握住手柄轻拿轻放，检验时，要对准零件内孔，并顺着内孔轴线向孔内试塞。在垂直孔上，应该是利用塞规本身的重量，使通端滑进孔内；在水平位置的孔上，只可将通端轻轻地送进去（在任何位置上，都不允许用强力，否则塞规测量面和孔壁都会损坏）。

（2）卡规。卡规是用来检验轴类工件外圆尺寸的量具。

双头卡规，这种卡规的过端开口尺寸等于被检验轴的最大极限尺寸，止端开口尺寸等于轴的最小极限尺寸（即过端尺寸与止端尺寸的差，等于轴径的公差），如图 3-12 所示。

加工后的轴径是否合格，只要用这种卡规进行检验，就可做出正确的判断。合格的轴径在检验时，应使卡规的过端刚能滑过，止端只能卡在轴上，这就表明轴径的实际尺寸是在最大与最小极限尺寸之间，是合格的。

图 3-11　塞规

图 3-12　卡规

二、形状和位置检测

（一）直线度和平面度的检测

在工厂车间里一般使用刀口尺检测直线度和平面度（见图3-13）。通过光隙可辨认2 μm以上的不平整度。用刀口尺进行重复检测只能近似地检测平面度，因为在一个平面里只能检测直线度。如果使用刀口尺检测圆柱体的直线度，则必须在圆柱上至少检测两次，并且检测角度需变换90°。用检测平台作为平面度标准件进行平面度对比时，工件的待检面必须放置在检测平台上，并用测量探头找出平面度最大误差点（见图3-14）。用块规或千分卡尺检测面的平面度时，可用一块高精度平板玻璃（平晶）进行校验（见图3-15）。其检验方法以光波的叠加（干涉）为基础（又称平晶检验法）。通过干涉条纹的弯曲和数量可看见并测量出平面度的误差。从一个干涉条纹到下一个干涉条纹之间，检测面到检测平台的间距变化约为0.3 μm。

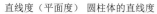

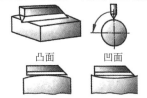

图3-13　使用刀口尺进行直线度和平面度的检测

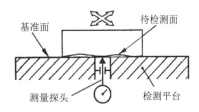

图3-14　使用检测平台进行平面度的检测

图3-15　使用块规或千分卡尺进行平面度的检测

（二）平行度的检测

可以在一个检测平台上用精密指针式检测表检测平行度（见图3-16），将工件平面度最高的面放置在检测平台上作为基准面，然后给工件对中心。为了找出公差面的最大误差，检测面上的测点应该均匀分布。检测后所显示的最大和最小检测值之间的差就是平行度误差。

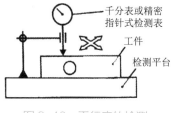

图3-16　平行度的检测

（三）倾斜度的检测

带气泡水准的水平仪（即所谓的水准仪）用于检测或校准平面或圆柱体面的水平位置（见图 3-17）。这种水平位置在机床安装时不可或缺。水平仪可显示的最小角度误差达 0.01 mm/m。

电子式斜测仪特别适用于小倾斜度的精密测量。现有的测斜仪分为若干类型，如带检测面的水平式测斜仪或带水平检测面和垂直检测面的角度式测试仪（见图 3-18）。使用这些测斜仪可测量出检测平台和机床的平面度误差以及平行度和直角度误差。它们可测量的最小倾斜度达 0.001 mm/m，最大检测范围为 ±5 mm/m。

图 3-17　气泡式水平仪

图 3-18　电子式测斜仪

（四）角度的检测

游标万能角度尺的结构如图 3-19 所示。角尺和直尺在卡块的作用下分别固定于扇形板部件和角尺上，当转动卡块上的螺帽时，即可紧固或放松角尺或直尺，在扇形板部件的后面有一与齿轮杆相连接的手把，而该齿轮杆又与固定在主尺上的弧形齿板相啮合，这个就是微动装置。当转动微动装置时就能使主尺和游标做细微的相对移动，以精确地调整测量值，但当把微动装置上的螺帽拧紧后，则扇形板部件与主尺被紧固在一起，不能有任何相对移动。

游标万能角度尺主要用于测量各种形状工件与样板的内、外角度以及角度划线。

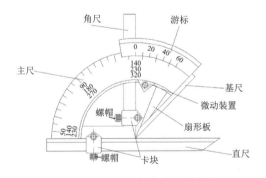
图 3-19　游标万能角度尺的结构

使用和注意事项如下。

（1）零值检查：使用前将游标万能角度尺擦拭干净，检查各部分相互作用是否灵活可靠，然后移动直尺使其与基尺的测量面相互接触，直到无光隙可见为止。同时观察主尺零刻线与游标零刻线是否对准；游标尺的尾刻线与主尺相应刻线是否对准，如对准便可使用，不对准则需要调整。

（2）测量 0°~50° 之间的角度时，被测工件放在基尺和直尺的测量面之间，如图 3-20 所示。

图 3-20　0°~50° 测量

（3）测量 50°~140° 之间的角度时，把角尺取下，将直尺换在角尺位置上，把被测工件放在基尺和直尺的测量面之间，如图 3-21 所示。

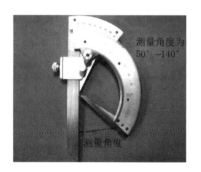

图 3-21　50°~140° 测量

（4）测量140°~230° 之间的角度时，把直尺取下换上角尺，但要把角尺推进去，直到角尺上短边的90°角尖和基尺的尖端对齐为止，然后把角尺和基尺的测量面靠在被测工件的表面上进行测量，如图3-22所示。

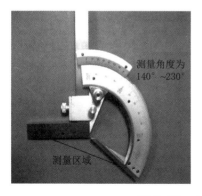

图 3-22　140°~230° 测量

（5）测量 230°~320° 之间的角度时，把角尺和卡块全部取下来，直接用基尺和扇形板的测量面对被测工件进行测量，如图 3-23 所示。

图 3-23　230°~320° 测量

（6）测量内角时，应注意被测内角的测量值为 360° 减去游标万能角度尺上的读数值。如测量 50°30′ 的内角在尺上的读数为 309°30′，内角的测量值应为 360°－309°30′ = 50°30′。

（7）游标万能角度尺使用完后，应擦拭干净并涂上防锈油，装入木盒内。

（五）圆度和圆柱度的检测

在检测仪上检测圆度和圆柱度最为有效。但使用简单的量具通过两点或三点检测法，也可以确定圆度。不过这里必须注意，用两点检测法不能测出在无心磨削时产生的等厚，而且也不能确定椭圆。在开口度为 108° 的 V 形槽内进行三点检测法时，可近似于正确地显示圆度。如图 3-24 所示。

在受检样品旋转或精密指针表旋转的形状检测仪内也可以精确求出圆度，如图 3-25 所示。

检测圆柱度时，除检测圆度外，也可检测外形轮廓线的直线度和平行度。

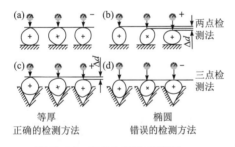

图 3-24　圆度和圆柱度测量

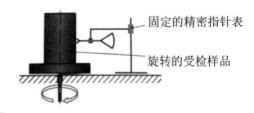

图 3-25　形状检测仪测圆度

（六）径向跳动和端面跳动的检测

使用千分表或精密指针式检测仪可相对简单地检测径向跳动和端面跳动。径向跳动偏差与圆度或同轴度缺陷有关。因此，径向跳动公差同时也限制圆度或同轴度偏差。如图 3-26 所示，可以检测出径向跳动误差，但不能查找超差原因。端面跳动则与端面的平面度密切相关。

 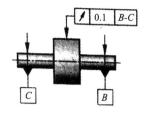 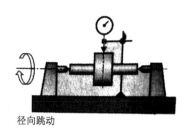

径向跳动

图 3-26　径向跳动测量

同心度和同轴度的检测。

同心度和同轴度偏差在所有带孔的零件中存在。同心度与若干个同圆心的圆相关，同轴度与前后顺序排列的孔或轴的轴线相关。简单检测时，径向跳动偏差与同轴度偏差方法没有区别，如图 3-27 所示。

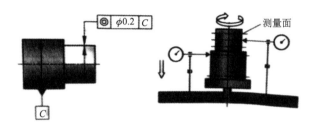

图 3-27　同轴度测量

需要精确分析时，可以使用形状检测仪进行检测，如图 3-28 所示。形状检测仪可以检测径向跳动、端面跳动、端面平行度、同心度、同轴度、圆度、平面度和表面波纹性。

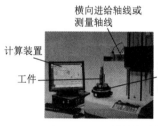

图 3-28　形状检测仪

三、螺纹检测

（一）测量外螺纹的量具

普通螺纹检测项目有螺纹顶径、螺距、螺纹中径、综合测量四项。螺纹顶径常用游标卡尺测量，螺距用钢直尺或螺纹样板测量，外螺纹中径用外螺纹千分尺或三针法测量，综合测量时用螺纹环规。测量外螺的纹量具如表 3-1 所示。

表 3-1　测量外螺纹的量具

量具种类	图例	使用说明
螺纹样板		测量各种螺纹螺距，将螺纹样板压在螺纹上，吻合的即是被测螺纹的螺距

量具种类	图例	使用说明
螺纹千分尺		有两个和螺纹牙型相同的测量触头，一个呈圆锥，一个呈凹槽，有一系列测量触头供不同的牙型和螺距选择；用于测量螺纹中径，读数方法同外径千分尺
螺纹环规		螺纹环规又称螺纹通止规，根据螺纹规格和精度选用，代号 T 为通规，代号 Z 为止规；通规能通过、止规通不过为合格

（二）测量内螺纹的量具

测量内螺纹的螺距用螺纹样板，测量内螺纹中径用内螺纹千分尺，综合测量时用螺纹塞规，测量内螺纹的量具如表 3-2 所示。

表 3-2　测量内螺纹的量具

量具种类	图例	使用说明
内螺纹千分尺		两个和螺纹牙型相同的测量触头，一个呈圆锥形，一个呈凹槽形，有一系列这样的测量触头供不同的牙型和螺距测量；用于测量螺纹中径，读数方法与内径千分尺相似
螺纹塞规		螺纹塞规又称螺纹通止规，根据螺纹规格和精度选用，代号 T 为通规，代号 Z 为止规；当通规能通过、止规通不过为合格

四、表面粗糙度检测

表面粗糙度的检测方法的选择主要取决于企业的现有条件和检测技术的要求。其选择范围从最简单的手工检测方法到使用计算机计算的方法（电子检测仪器）。

（一）表面粗糙度样板

利用目测法检测表面粗糙度，需要使用表面粗糙度样板。通过手指反复触摸工件表面和表面形状对比标准样件，判断被测表面粗糙度数值，如图 3-29 所示。

（二）便携式表面粗糙度测量仪

便携式表面粗糙度测量仪的工作原理：当传感器在驱动器的驱动下沿着被测表面做匀速直线运动时，其垂直于工件表面的触针随工件表面的微观起伏做上下运动。触针的运动被转换为电信号，主机采集信号进行放大、整流、滤波，经 A/D 转换成数据，然后进行数字滤波和数据处理，显示测量参数值和在被测表面上得到的各种曲线。这种测量仪结构灵巧紧凑，经济耐用，可用于检测不同形状表面的粗糙度，也适用于生产现场，如图 3-30 所示。

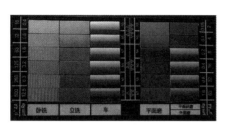

图 3-29　表面粗糙度样板　　　　　图 3-30　便携式表面粗糙度测量仪

五、对刀工具

（一）寻边器

寻边器是数控加工中使用较多的一种对刀工具，用于零件 X、Y 向对刀，对刀精度高，不会损伤工件表面。常见的有偏心式寻边器和光电式寻边器两种。

1.偏心式寻边器

偏心式寻边器（见图 3-31）由夹持部分和测量部分组成，两者之间使用弹簧拉紧，夹持部分随主轴旋转时，测量部分会随之摆动。在使用偏心式寻边器对刀时，首先通过刀柄安装到机床的主轴上，以手指轻压测头的侧边，使其偏心约 0.5 mm。然后通过 MDI 方式使其旋转（转速一般为 400~600 r/min），使用机床手轮控制，使其测头逐渐接近工件表面，当测头接触到工件表面后，偏向部分逐渐与夹持部分同心旋转，控制寻边器移动，当测头再次偏心的瞬间停止移动寻边器，此时即可计算工件坐标系。

2.光电式寻边器

光电式寻边器（见图 3-32）一般由柄部和触头组成。使用光电式寻边器对刀时，将其通过刀柄安装到机床主轴上，通过机床手轮控制使其缓慢向工件侧面靠近，逐步降低进给倍率，直到触头与工件表面接触，指示灯刚好亮起，此时即可计算工件坐标系。

图 3-31 偏心式寻边器

图 3-32 光电式寻边器

（二）Z 轴设定器

Z 轴设定器用于零件的 Z 向对刀，对刀精度高，主要有光电式 Z 轴设定器（见图 3-33）和机械式 Z 轴设定器（见图 3-34）两种类型。机械式 Z 轴设定器使用时，将平行块规置于标准面上，转动百分表使指针归零，将平行块规移开。利用机床手轮使其刀具端面慢慢与 Z 轴设定器上表面刚好接触，对刀时主轴不能旋转，此时在 G54 中输入 "Z50"，单击 "测量" 按钮，即完成 Z 轴对刀。光电式 Z 轴设定器对刀步骤与机械式 Z 轴设定器相同。

图 3-33　光电式 Z 轴设定器

图 3-34　机械式 Z 轴设定器

知识二　生产与维护

一、健康安全环境

（一）认识 HSE

HSE 的定义：HSE 是健康（health）、安全（safety）、环境（environment）的英文缩写，全称为职业健康、安全与环境。

（1）职业健康是指与工作相关的健康保健问题，如职业病、职业相关病等。职业病是指员工在工作及其他职业活动中，因接触职业危害因素而引起的，并列入国家公布的职业病范围的疾病。

（2）安全是指在劳动生产过程中，努力改善劳动条件、消除不安全因素，使劳动生产在保证劳动者健康、企业财产不受损失、确保人民生命安全的前提下顺利进行。

（3）环境是指与人类密切相关的、影响人类生活和生产活动的各种自然力量或作用的总和，它不仅包括各种自然因素的组合，还包括人类与自然因素间相互形成的生态的组合。

（二）HSE 意义

随着全球经济的发展，职业健康、安全与环境问题日益严重。严峻的职业健康、安全与环境问题要求我们在解决这类问题时不能仅依靠技术手段，还应该重视生产过程中的管理以及对人们职业健康、安全与环境意识的教育。国际上，从各个层面也越来越重视职业健康、安全与环境，越是发达的国家，重视程度越高。我国实施改革开放多年以来，对于这方面也越来越重视。

国际上对职业健康、安全与环境也有相应的管理体系，通过对环境、设备、人员操作等方面进行策划管理、监督和控制，从而避免事故、保护环境、保证人员健康与安全。

（三）HSE 范围

HSE 范围是指影响作业场所内员工、临时工、合同工、外来人员和其他人员安全健康的条件和因素，是对进入作业场所的任何人员的安全与健康的保护，但不包括职工其他劳动权利和劳动报酬的保护，也不包括一般的卫生保健和伤病医疗工作。作业场所一般是指组织生产活动的场所。

（四）企业员工的 HSE 责任

（1）特种作业人员必须按照国家有关规定，经过专门的安全作业培训，取得特种作业操作资格证书，方可上岗作业。

（2）必须接受所有与工作需要相关的 HSE 教育和培训，掌握本职岗位所需要的安全生产知识，提高安全生产技能，增强事故预防和应急处理能力。

（3）必须遵守公司的 HSE 规章制度和指令，并劝说和阻止他人的不安全活动和操作。

（4）上岗前，要检查个人防护用品、工具设备是否良好和有效，确认自己是否处于良好的精神状态，饮酒、疲劳、生病、情绪不稳定等严禁上岗。

（5）作业过程中，必须维护保养设备和工具，并始终保持工作场所整洁有序，正确使用化学制品和处理危险废物。

（6）作业后，要清理工作现场，收拾好工具，收拾好安全防护用品，确保没有遗留任何安全隐患后方可离开。

（7）当出现突发事件时要立即报告，并协助救护和调查处理。

（五）企业员工的 HSE 权利

（1）有权依法订立劳动合同、依法获得安全生产保障（劳动保护用品）、依法参加工伤社会保险。

（2）有权了解其他作业场所和工作岗位存在的危险因素、防范措施以及事故应急措施。

（3）有权拒绝违章指挥和强令冒险作业。

（4）发现直接危及人身安全的紧急情况时，有权停止作业或者在采取可能的应急措施后撤离作业场所。

（5）有权对本单位的安全生产工作提出建议，对安全生产工作中存在的问题提出批评、检举、控告。

（6）因安全生产事故受到损害的从业人员，除依法享有工伤社会保险外，依照有关部门民事法律尚可有获得赔偿的权利的，还有权向本单位提出赔偿的要求。

二、车间的安全生产与防护

对长期工作在机械行业加工车间的机械工人来说，不注意生产中的安全防护会带来极其严重的后果。一次意外事故可能会缩减甚至断送个人的职业生涯，更会给个人和家庭带来极大的痛苦。因此，个人需要在工作实践中注意积累安全生产方面的宝贵经验，牢固树立安全第一的思想。

（一）眼睛的防护

机床在加工工件时，产生的高温金属切屑常常会以很高的速度从刀具下飞出，有的可能弹得很远，稍不留神就可能导致周围的人的眼睛受伤。

在车间进行相关操作时，一定要做到时刻佩戴防护眼镜（见图3-35）。大多数情况选用普通的平光镜，这种平光镜带有防振的玻璃镜片，刮伤的镜片可以更换。平光镜的镜架分为固定式和柔性可调式两种。

进行任何磨削、钻削操作时，必须佩戴防护罩眼镜，如图3-36所示，防止飞溅的磨削颗粒和碎片从侧面打进眼睛。

图 3-35　防护眼镜

图 3-36　防护罩眼镜

（二）听力的防护

在学校实训车间里通常没有噪声干扰的问题。然而，在真正的机械加工车间里，离噪声较大的装配生产线或冲压设备较近时，如何保护听力不受损害也是安全工作的重要内容。

如果职工每日8小时暴露于等效声级85分贝（dB），对听力会有很大的损伤。在这种情况下，职工就需要佩戴护耳器来保护听力。企业应当提供三种以上护耳器（包括不同类型、不同型号的耳塞或耳罩），如图3-37所示，供暴露于等效声级85分贝作业场所的职工选用。规定时间内允许噪声如表3-3所示。

回弹耳塞

带线耳塞

耳罩

图 3-37　护耳器类型

表 3-3　规定时间内允许噪声表

序号	每个工作日接触噪声时间 /h	允许噪声 /dB
1	8	85
2	4	88
3	2	91
4	1	94
5	0.5	97
6	0.25	100
7	0.125	103

注：最高不得超过 115 dB。

在《金属切削机床 安全防护通用技术条件》（GB 15760—2016）5.8 噪声条款中规定：应采取措施降低机床的噪声；在空运转条件下，机床的噪声声压应符合表 3-4 的规定。

表 3-4　机床空运转噪声声压级的限制

机床质量 /t	≤ 10	> 10~30	≥ 30
普通机床 /dB(A)	85	85	90
数控机床 /dB(A)	83		

（三）磨屑及有害烟尘的控制

磨屑是由砂轮机磨削工件或刀具的过程中不断产生的，它包含了大量的对人体有害的细小金属颗粒和砂轮磨料。为了减少空气中磨屑的含量，大部分磨削加工机械安装了砂轮机除尘装置，如图 3-38 所示。此外，添加冷却液也有一定的降尘作用。

除尘式砂轮机   砂轮机吸尘装置

图 3-38　砂轮机除尘装置

（四）工作时的着装、服饰与头发

在机械加工车间工作时，应当穿工作服，不要系领带，如图 3-39 所示。长发女生一定要戴帽子，将长发藏在帽子内，以免发生如图 3-40 所示的事故。

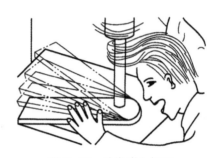

图 3-39　工作服穿戴   图 3-40　头发卷入机器

（五）脚部的防护

在机械加工车间里，脚部一般不存在太多的危险，但在繁忙的作业时一些工件很有可能落到脚上，同时也应注意地面上尖利的金属切屑。工作时应穿着脚头有防护钢板的劳保鞋，如图 3-41 所示。

（六）手部的防护

常年与各种机械打交道，应保护好双手。在加工操作过程中，机床上的金属屑不要用手直接接触，应使用刷子清除，如图 3-42 所示。因为切屑不仅十分锋利，而且刚被切削下来时温度很高，较长的切屑尤其危险。

操作时严禁戴手套。若手套被机床部件卷入，手臂可能会被带入旋转的机器中。

各种切削液、冷却液和溶剂对人的皮肤都有刺激作用，经常接触可能会引起皮疹或感染。所以应尽量少接触这些液体，如果无法避免，使用后应立即洗手。

（七）搬运重物

不适当的搬运重物方式可能会导致脊椎永久性的损伤，甚至使个人完全丧失劳动能力，将力量全部施加在脊背上抬重物是错误的，搬运重物的错误姿势与正确姿势，如图 3-43 所示。

图 3-41　钢包头劳保鞋

图 3-42　用刷子清除切屑

错误　　　正确
图 3-43　搬运重物的错误姿势与正确姿势

正确搬运重物的步骤，如下表 3-5 所示。

表 3-5　搬运重物的步骤

序号	步　骤
1	保持腰背挺直
2	下蹲，膝盖弯曲
3	腿部肌肉平稳地用力，抬起重物，保持背脊呈直线
4	将重物放在易搬运的地方，搬运时要注意周围环境
5	当要把抬起的重物放回地面时，应采用与抬重物类似的方式

（八）严禁在车间里打闹

车间不是打闹玩耍的场所，一些不经意的玩笑可能给自己及他人带来严重的伤害。

（九）机械伤害事故的预防

生产制造车间存在很多发生机械伤害的可能性。因此要记住：运转着的机床不会区分被加工的零件和人的手指，当被开动的机器夹住时，不可能用自己的力气将机器停下。因此每次开机床前，应明确如下问题。

（1）怎么使用这台机器？

（2）使用这台机器有什么潜在的危险？

（3）所有的安全装置都就位了吗？

（4）操作程序安全吗？

（5）是否为做自己力所能及的事？

（6）是否已做好所有的调整工作，并将所有的锁紧螺栓和卡钳夹紧了？

（7）工件装夹得牢固吗？

（8）佩戴好必需的防护装备了吗？

（9）知道关机的开关在哪里吗？

（10）所做的每件事都考虑了安全问题吗？

三、典型案例及注意事项

不同的工种都有不同的工作服。在生产工作场所，我们不能像平时休息那样，穿自己喜欢穿的服装。工作服不仅仅体现一个企业员工的精神面貌，更重要的是它还具有保护生命安全和健康的作用。忽视它的作用，从某种意义上来讲，也就是忽视了你自己的生命安全。有时操作人员习惯了戴手套作业，即使在操作旋转的机械时，也不会意识到这样不对，但是操作旋转的机械最忌戴手套。因为戴手套而引发的伤害事故是非常多的，下面就是一例。

2022年某天，陕西一煤机厂职工小吴正在摇臂钻床上进行钻孔作业。测量零件时，小吴没有关停钻床，只是把摇臂推到一边，就用戴手套的手去搬动工件，这时，飞速旋转的钻头猛地绞住了小吴的手套，强大的力量拽着小吴的手臂往钻头上缠绕。小吴一边喊叫，一边拼命挣扎，等到同事听到喊声关掉钻床，小吴的手套、工作服已被撕烂，右手小拇指也被绞断。

从上面的例子我们应该懂得，劳保用品也不能随便使用，并且在旋转机械附近，我们的衣服等物品一定要收拾利索。如要扣紧袖口，不要戴围巾、手套等。上海某纺织厂就曾经发生过一起这样的事故，一名挡车女工没有遵守厂里的规定，把头巾围到领子里上岗作业，当她接线时，头巾的末端嵌入梳毛机轴承细缝里，头巾被绞，该女工的脖子被猛地勒在纺纱机上，同事虽立即停机，但该女工还是失去了宝贵的生命。所以我们在操作旋转机械时一定要做到工作服的"三紧"（即袖口紧、下摆紧、裤脚紧）；不要戴手套，围巾；女工的发辫更要盘在工作帽内，不能露于帽外。

四、6S管理

（一）6S管理简介

车间的6S管理，即整理（seiri）、整顿（seiton）、清扫（seiso）、清洁（seiketsu）、素养（shitsuke)和安全（security)。6S管理能使员工节省寻找物品的时间，提高工作效率和产品质量，保障生产安全。

（二）6S管理的含义

1.整理

整理就是区分需要用和不需要用的物品，将不需要用的物品处理掉。整理的意义在于合理调配物品和空间，只留下需要的物品和需要的数量，最大限度地利用物品和空间、节约时间、提高工作效率。

2. 整顿

整顿就是合理安排物品放置的位置和方法，并进行必要标识。对生产现场需要留下的物品进行科学合理的布置和摆放，以便能够以最快的速度取得所需物品，达到在30 s 内找到所需物品的目标。

3. 清扫

清扫就是清除生产现场的污垢，清除作业区域的物料垃圾。清扫的目的在于清除污垢，保持现场干净、明亮。清扫的意义是清理生产现场的污垢后，使异常情况很容易被发现，这是实施自主保养的第一步，能提高设备效率。

4. 清洁

清洁就是将整理、整顿、清扫实施的做法制度化、规范化，维持其成果。清洁的目的在于认真维护并坚持整理、整顿、清扫的效果，使生产现场保持最佳状态。通过对整理、整顿、清扫活动的坚持与深入，消除发生安全事故的根源，创造一个良好的工作环境，使员工能够愉快地工作。

5. 素养

素养就是人人按章操作、依规行事，养成良好的习惯。提高素养的目的在于提升人的品质，培养对任何工作都认真负责的意识。提高素养的意义在于努力提高员工的素质，使员工养成严格遵守规章制度的习惯和作风，这是 6S 管理的核心。

6. 安全

安全就是重视成员安全教育，每时每刻都有安全第一的观念，防患于未然。目的：建立起安全生产的环境，所有的工作应建立在安全的前提下。

（三）6S 管理的意义

（1）确保安全。通过推行 6S 管理，企业往往可以避免因疏忽而引起的火灾，避免因不遵守安全规则导致的各类事故、故障，避免因灰尘或油污等所引起的公害，因而能使生产安全得到落实。

（2）提升业绩。6S 管理是一名很好的"业务员"，拥有一个清洁、整齐、安全、舒适的环境，拥有一支具有良好素养的员工队伍的企业，常常更能获得客户的信赖，实现业绩的提升。

（3）提高工作效率和设备使用率。通过实施 6S 管理，一方面减少了生产的辅助时间，提升了工作效率；另一方面降低了设备的故障率，提高了设备使用效率，从而可降低一定的生产成本。所以 6S 管理可谓是一位"节约者"。

（4）提高员工素养。素养是 6S 管理活动的核心内容之一，除了可以营造整洁的工作环境外，还可以培养自身良好的工作习惯、遵规守纪的意识和凡事认真负责的态度，从而提高了素养。

（5）提升企业形象。通过实施 6S 管理，可以全面提升现场管理水平，提高效率，降低废品率，提高操作安全性，有效改善工作环境，提高员工品质修养，改善企业精神面貌，形成良好的企业文化，从而更有利于塑造卓越的企业形象，使企业在竞争中更具竞争力。

（四）6S 管理的实施

（1）制订 6S 管理标准。利用图片、表格等可视化方式制作《6S 管理标准》，在工作过程中，可分别制订《动态 6S 管理标准》和《静态 6S 管理标准》。制订原则：图文结合，操作要点清晰，可操作性强，展示于培训区域内，以供职工在培训过程中自我校对。

（2）制订 6S 管理检查表。6S 管理作为一种现场管理方法，在管理过程中，需要配合《6S 管理检查表》实施。通过使用《6S 管理检查表》，可对整体实施效果进行检查，也可对某一 6S 管理标准进行检查。选择一种方案，制订 6S 管理实施后的检查表，可指导职工团队进行自检、互检，及时发现问题、改正问题，使职工保持良好的行为习惯，提升自身的职业素养。

制订原则：检查内容应符合 6S 管理要求，应有每次检查的时间记录、检查人员记录。

6S 之间彼此关联，整理、整顿、清扫是具体内容；清洁是指将上面 3S 实施的做法制度化、规范化，并贯彻执行及维持结果；素养是指培养每位员工养成良好的习惯，并遵守规则做事，开展 6S 容易，但长时间维持必须靠素养的提升；安全是基础，要尊重生命，杜绝违章。

五、TPM 管理

（一）TPM 管理概述

TPM（total productive maintenance）意为"全员生产维护"。其中，全员是指全体人员。TPM 管理是企业领导、生产现场工人以及办公室人员参加的生产维修、保养体制。TPM 管理的目的是达到设备的最高效益，它以小组活动为基础，涉及设备全系统。

（二）TPM 管理的含义

（1）预防哲学。防止问题发生是 TPM 管理的基本方针，这是预防哲学，也是消除灾害、事故、故障的理论基础。为防止问题的发生，应当消除产生问题的因素，并为防止问题的再次发生进行逐一地检查。

（2）"零"目标。TPM 管理以实现 4 个零为目标，即灾害为零、不良为零、故障为零、浪费为零。为了实现 4 个零，TPM 管理以预防保全手法为基础开展活动。

（3）全员参与和小集团活动。做好预防工作是 TPM 管理活动成功的关键。如果操作者不关注，相关人员不关注，领导不关注，不可能做到全方位的预防。因为如果企业规模比较大，光靠几十个工作人员维护，就算是一天 8 个小时不停地巡查，也很难防止一些显在或潜在的问题发生。

（三）TPM 管理的意义

（1）做好 TPM 管理就是做好自主保全，减少设备故障。

（2）做好 TPM 管理就是形成管理的氛围，防止事故的发生。

（3）做好 TPM 管理就是培养解决主要矛盾或问题的能力，把影响生产的内外因素消除到最小。

（四）TPM 管理的实施

制订出 TPM 管理标准内容，通过图文结合的标准文件指导学生做好每一步的 TPM 管理工作。

（五）TPM 管理点检表

实施 TPM 管理后，应对管理内容进行 TPM 管理点检。对于 TPM 管理过程中仍存在的问题，应向培训教师或上一级管理人员反映。TPM 管理点检内容应与 TPM 管理规范内容相对应。

📖🔍 学 思 践 悟

"物勒工名"制度与中国古代传统工匠精神

"物勒工名"是一种春秋时期开始出现的制度，是指器物的制造者要把自己的名字刻在器物上面，以方便管理者检验产品质量。它是中国古代的一种手工业管理制度，《礼记·月令》载："物勒工名，以考其诚，功有不当，必行其罪，以穷其情"。大量刻画着工匠名字的出土文物说明这一制度起源很早，源远流长。某种意义来说，"物勒工名"是我国最早的问责制，它不仅是产品质量的重要保障，也是传统工匠精神传承的重要保证。

据《周礼·考工记》记载，中国古代从春秋战国时期起，就有了国家对产品质量进行检验的年审制度和政府官员质量负责制度。春秋初，齐、晋、秦、楚等国规定：制造产品，要"取其用，不取其数"。在原材料选择、制造程序、加工方法、质量检验、检验方法等上，都要按统一的标准和规定进行生产，以保证产品的质量。首先提出用"物勒工名"质量负责制对产品质量进行检测监督构想的，是战国时期秦国宰相吕不韦，经过四年多的不懈努力，率先在秦本土实行了：国家于每年十月份由"工师效工，陈祭器……，必功致为上，物勒工名，以考其诚。工有不当，必行其罪，以究其情"的对各郡、县工业产品进行质量抽验的制度。同时，还将各郡县制造工业产品用的衡器、容器等，由"大工尹"统一进行年审。凡不符合标准的，不得使用，以保证产品质量能"功致"。又《效律》云："公器不久刻者，官嗇夫赀一盾。"这说明"物勒工名"制度在秦朝就以法定的形式固定下来。

在出土的秦国青铜戈（见图 3-44）上刻有铭文共三行二十一字："九年，相邦吕不韦造。蜀守宣，东工守文，丞武，工极，成都。"，如图 3-45 所示。

图 3-44　秦国青铜戈　　　　　　　图 3-45　青铜戈上的铭文

　　此戈由相邦吕不韦监造，再由蜀守、东工守、丞、工四级分工铸造，所以铭文中的"蜀守、东工守、丞、工"分别是秦国铸造兵器的四个级别。"蜀守"是掌管蜀地的官职，我们熟知的李冰就担任过蜀守一职，他主持修建的都江堰让成都平原变成沃野千里的"天府之国"。此后，汉代蜀守最有名的是文翁，他兴办文翁石室，让文脉在蜀地延续至今。铭文中的"东工"是指秦时成都的东工作坊，"丞"是指工师之下的一级官吏，是工师的副手。而"蜀守、东工守、丞、工"后面紧跟的"宣、文、武、极"分别是这四个级别的官员姓名、作坊名称或工匠之名，即所谓的"物勒工名"。"成都"指铜戈的置用地。

　　自古以来，我国先民就注重追求工匠精神，如《礼记》云"差若毫厘，谬以千里"，《周礼·考工记》指出，"百工之事，皆圣人之作也"。传统的工匠精神主要包括精益求精、敬业专一、诚实守信等内容。"物勒工名"制度对传统工匠精神的形成和传承有着重要的推动作用。

（来源：光明日报，2023 年 2 月 27 日，有删改）

参考文献

[1] 朱明松，朱德浩．数控车削编程与加工：FANUC 系统 [M]. 2 版．北京：机械工业出版社，2021.

[2] 朱明松，朱德浩．数控车床编程与操作项目教程 [M]. 3 版．北京：机械工业出版社，2019.

[3] 陈洪涛．数控加工工艺与编程 [M]. 4 版．北京：高等教育出版社，2021.

[4] 杨晓．数控车刀选用全图解 [M]．北京：机械工业出版社，2014.

[5] 孙奎洲，朱劲松．数控车技能训练与大赛试题精选 [M]．北京：中国轻工业出版社，2019.

[6] 张智敏．数控车工（技师、高级技师）操作技能鉴定试题集锦与考点详解 [M]．北京：机械工业出版社，2016.

[7] 沈建峰．数控铣工 / 加工中心操作工（高级）操作技能鉴定试题集锦与考点详解 [M]．北京：机械工业出版社，2014.

[8] 徐凯，乔卫红，李智慧．数控铣床编程与加工技术 [M]．北京：高等教育出版社，2020.

[9] 朱明松，王翔．数控铣床编程与操作项目教程 [M]. 3 版．北京：机械工业出版社，2019.

[10] 王亮．数控铣削编程与加工 [M]．北京：机械工业出版社，2022.

[11] 张晖．零件数控铣削加工 [M]．北京：外语教学与研究出版社，2017.

[12] 周保牛，刘江．数控编程与加工技术 [M]. 3 版．北京：机械工业出版社，2019.

[13] 布尔麦斯特．机械制造工程基础：中文版 第三版 [M]. 杨祖群，译．长沙：湖南科学技术出版社，2018.

[14] 博尔克纳．机械切削加工技术 [M]. 杨祖群，译．长沙：湖南科学技术出版社，2014.

版权声明

根据《中华人民共和国著作权法》的有关规定，特发布如下声明：

1. 本出版物刊登的所有内容（包括但不限于文字、二维码、版式设计等），未经本出版物作者书面授权，任何单位和个人不得以任何形式或任何手段使用。

2. 本出版物在编写过程中引用了相关资料与网络资源，在此向原著作权人表示衷心的感谢！由于诸多因素没能一一联系到原作者，如涉及版权等问题，恳请相关权利人及时与我们联系，以便支付稿酬。（联系电话：010-64989394；邮箱：2033489814@qq.com）

数控加工编程与操作

任务工作页

专业：_____

班级：_____

学号：_____

姓名：_____

工作页目录

上篇

数控车削篇

情境模块一　数控车床的基本操作	姓名：	班级：
任务一　认识数控车床	日期：	工作页评价：

情境模块一　数控车床的基本操作

任务一　认识数控车床

任务描述

认识数控车床的主要组成结构，区分不同类型的数控车床。

任务目标

❶ 熟悉数控车床的基本结构。

❷ 了解数控车床的种类、特点和应用场合。

❸ 能够正确识别各种类型的数控车床。

引导问题

（1）数控车床可以实现哪些加工方式？

（2）数控车床可以车削加工哪些类型的零件？

（3）按主轴位置可以把数控车床分为哪几类？其特点是什么？

⊙ **任务实施**

查找手册，观察如图 1-1 所示的数控车床，并标注其主要结构的名称。

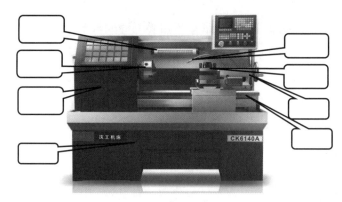

图 1-1 数控车床结构

◆ **总结提高**

（1）数控车床由哪些部分组成？

（2）常见的数控车床有哪些类型？分别有什么特点？

情境模块一　数控车床的基本操作	姓名：	班级：
任务二　认识数控车床的坐标系统	日期：	工作页评价：

任务二〉　认识数控车床的坐标系统

📄 任务描述

判断卧式数控车床坐标轴的运动方向，正确设置工件坐标系。

◎ 任务目标

❶ 理解机床坐标系、工件坐标系的概念。
❷ 能够准确判断数控车床各坐标轴的位置和方向。
❸ 能够正确设置工件坐标系。
❹ 能够理解对刀操作的意义。

📇 引导问题

（1）什么是机床坐标系和机床原点？

（2）什么是右手笛卡尔坐标系？如何使用？

（3）什么是机床参考点？其作用是什么？

（4）什么是工件坐标系和工件原点？

（5）在确定数控机床坐标轴及其运动方向时，通常有以下规定：不论数控机床的具体结构是工件静止、刀具运动，还是刀具静止、工件运动，都假定为_____不动，_____做运动，且把_____方向作为坐标轴的正方向。

任务实施

说出如图 1-2 和图 1-3 所示的数控车床坐标轴的运动方向。

图 1-2　前置刀架卧式车床　　　　图 1-3　后置刀架卧式车床

 总结提高

（1）数控车床的两个坐标轴的运动方向是如何确定的？

（2）工件原点位置的选择原则是什么？

（3）如何建立工件坐标系与机床坐标系之间的关系。

情境模块一 数控车床的基本操作	姓名：	班级：
任务三 认识数控车床的刀具	日期：	工作页评价：

任务三 〉 认识数控车床的刀具

📄 任务描述

认识数控车床的常用刀具，完成常用刀具的装夹。

◎ 任务目标

❶ 能够识别数控车床常用的刀具。

❷ 能够熟练安装刀具和钻头。

🔖 引导问题

（1）简述数控车床常用刀具的用途，并填写表1-1。

表1-1 数控车刀用途

序号	刀具名称	用途
1	外圆加工车刀	
2	切槽/切断刀	
3	内圆加工车刀	
4	螺纹车刀	

（2）可转位车刀的刀片与刀杆的固定方式有哪些？

（3）请画出外圆车刀五种常用主偏角。

任务实施

（1）请说明如表 1-2 所示的数控外圆车刀刀杆的标准代号。

表 1-2　数控车刀刀杆代号

1	2	3	4	5	6	7	8	9
P	W	L	N	R	25	25	M	08

（2）根据以下条件，找一个品牌的数控车刀样本，写出选择外圆车刀的过程。精加工细长轴，转角处圆角不超过 0.3 mm；加工余量为 0.1 mm，进给率 $f = 0.1$ mm；工件材料为 45 号钢；机床 25 mm × 25 mm 方形刀杆，右切削；机床刚性一般，工件装夹不够牢固。

 **总结提高**

使用数控车床加工零件时，如何选择加工刀具？按流程图的形式，写出选择步骤。

情境模块一　数控车床的基本操作	姓名：	班级：
任务四　数控车床的安全操作与维护保养	日期：	工作页评价：

任务四 数控车床的安全操作与维护保养

📄 任务描述

参观数控实训车间，了解安全文明操作知识。学习数控车床的基本操作、工件的装夹以及刀具的安装，并对车床进行日常维护与保养。

◎ 任务目标

❶ 了解数控车床操作面板各功能键的作用。

❷ 了解数控车床的基本操作方法，培养文明操作的生产习惯。

❸ 能够正确在车床上装夹工件和刀具。

❹ 能够对数控车床进行日常维护保养。

？ 引导问题

（1）观察数控实训车间数控车床操作面板，写出操作面板由哪几部分组成。

（2）根据如表 1-3 所示的按键图标，填写出名称及功能。

表 1-3　数控车床按键图标名称及功能

序号	图标	名称	功能
1			
2			
3			
4			
5			

序号	图标	名称	功能
6			
7			
8			
9			
10			

任务实施

参观数控实训加工车间,学习文明操作知识,正确穿戴工作服、工作鞋、防护眼镜和工作帽。

(1)以个人为单位进行开机操作,并记录在表1-4中。

表1-4　开机操作记录表

步骤	操作内容及方法

(2)练习回零操作,并记录在表1-5中,注意车床不要超程。

表1-5　回零操作记录表

步骤	操作内容及方法

（3）进行手轮进给操作，并记录在表1-6中，注意操作安全。

表1-6 手轮进给操作记录表

步骤	操作内容及方法

（4）使用三爪卡盘进行工件装夹，并记录在表1-7中，注意操作安全。

表1-7 工件装夹操作记录表

步骤	操作内容及方法

（5）先将刀片安装到刀杆上，然后将刀杆安装到刀架上，并记录在表1-8中，注意操作安全。

表1-8 安装刀片和刀架操作记录表

步骤	操作内容及方法

（6）进行对刀操作，记录在表1-9中，注意操作安全。

表1-9　对刀操作记录表

步骤	操作内容及方法

总结提高

（1）当机床超程时，如何解除机床超程？

（2）如何使用四爪卡盘装夹工件，并保证工件装夹牢固？

（3）在实施任务过程中，你获得了哪些知识和技能？

（4）当再次实施类似任务时，哪些问题需要改进，如何改进？

情境模块二　轴类零件加工	姓名：	班级：
任务一　简单阶梯轴加工	日期：	工作页评价：

情境模块二　轴类零件加工

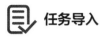 简单阶梯轴加工

 任务导入

如图 1-4 所示，试编写阶梯轴的数控加工程序，毛坯：长度 65 mm，直径 45 mm。

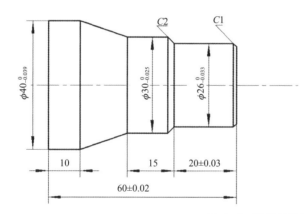

图 1-4　阶梯轴零件

 任务提示

一、任务描述

本车间获得一批阶梯轴零件的加工任务，共 30 件，工期为 3 天。生产管理部门同技术人员与客户协商签订了加工合同。生产管理部门向车间下达加工该零件的任务单，工期为 3 天，任务完成后提交成品件及检验报告。车间管理部门将接收的该零件的任务单下达技术科，要求编程员制订加工工艺并提供手工编制的数控车削加工程序，经试加工后，将程序和样品提交车间，供数控车床操作工加工使用。

二、工作方法

（1）读图后分析问题，可以使用的材料有课本内容、刀具样本等。

（2）以小组讨论的形式完成工作计划。

（3）按照工作计划，完成加工工艺卡的填写、数控编程与加工任务。对于

工作中出现的问题，尽量自行解决，如无法解决再与培训教师进行讨论。

（4）培训过程中与培训教师讨论，进行工作总结。

三、工作内容

（1）分析零件图样，拟定工艺路线。

（2）刀、量、夹具及加工参数选择。

（3）节点坐标计算。

（4）数控编程与调试。

（5）零件加工与检测。

（6）工具、设备、现场 6S 和 TPM 管理。

四、工具

（1）塑胶锤子。

（2）游标卡尺。

（3）百分表及表座。

（4）表面粗糙度样板。

（5）数控车刀。

五、知识储备

（1）数控车削加工流程。

（2）数控车床类型。

（3）数控车床结构。

（4）数控车床操作面板。

（5）右手笛卡尔坐标系。

（6）数控车床加工对象类型。

（7）切削要素。

（8）切削用量。

（9）刀具类型。

（10）游标卡尺。

（11）三爪卡盘。

（12）坐标系（机床坐标系、编程坐标系）。

（13）节点计算。

（14）进给指令 F、主轴转速指令 S、换刀指令 T。

（15）进给量单位选择。

（16）公制／英制编程。

（17）快速定位指令 G00、直线插补指令 G01。

（18）进给功能设定 G98、G99。

（19）端面车削循环指令 G94。

（20）绝对值编程指令 G90。

（21）粗车循环指令 G71 和精车循环指令 G70。

六、注意事项与工作提示

（1）车床只能由一人操作，不可多人同时操作。

（2）穿实训鞋服、佩戴防护眼镜。

（3）加工时，工件必须夹紧。

（4）停机测量工件时，应将刀具移出，避免人体被刀具误伤。

（5）配制切削液时，应戴防护手套，防止切削液对皮肤造成腐蚀性伤害。

（6）毛坯必须去毛刺。

七、劳动安全

（1）严格遵守车间安全标志的指示。

（2）工件去毛刺，避免划伤。

八、环境保护

（1）不可随意倾倒切削液，应遵从实训中心 6S 管理规定进行处理。

（2）切屑应放置在指定废弃处。

工作过程

一、信息

（1）向阶梯轴零件加工所涉及的车间咨询，核实有关设备的加工能力、特点等信息。

（2）自己收集资料并查询相似零件的编程案例，分析加工工艺和加工程序，供编程参考。

（3）了解加工工艺、加工工序、加工工步、加工工时、走刀路径的概念。

（4）该零件涉及哪些检测工具，其使用要求是什么？

（5）查阅资料，写出 G00、G01、G90、G94、G70、G71 指令含义及使用格式？

（6）查阅刀具手册，简述数控车刀的材料以及外圆车刀的类型和结构。可转位外圆车刀及其刀片怎样选择？

（7）加工本零件所需的毛坯有什么特点？画出毛坯图。

（8）讨论、分析，确定零件加工的对刀点、起刀点和换刀点，并在零件图上标出。

（9）数控车床日常维护保养的内容有哪些？

（10）怎样做好数控系统的日常维护？

二、计划

小组讨论后，完成小组成员分工表（见表 1-10）和工作计划流程表（见表 1-11）。

表 1-10　小组成员分工表

成员姓名	职务	小组中的任务分工	备注

成员姓名	职务	小组中的任务分工	备注

表 1-11　工作计划流程表

序号	工作内容	工作时间 / 分钟	执行人
1			
2			
3			
4			
5			

三、决策

完成工、量、刃、辅具及材料表（见表 1-12），完成数控加工工序卡（见表 1-13）。

表 1-12　工、量、刃、辅具及材料表

种类	序号	名称	规格	精度	数量	备注
工具						
量具						

续表

种类	序号	名称	规格	精度	数量	备注
刃具						
辅具						
材料						

表 1-13　数控加工工序卡

数控加工工序卡				产品型号		零件图号	
				产品名称		零件名称	
材料牌号		毛坯种类		毛坯外形尺寸		备注	
工序号	工序名称	设备名称	设备型号	程序编号	夹具代号	夹具名称	切削液	车间
工步号	工步内容	刀具号	刀具	量具	主轴转速 /r·min⁻¹	切削速度 /m·min⁻¹	进给速度 /mm·min⁻¹	背吃刀量 /mm	备注

续表

工步号	工步内容	刀具号	刀具	量具	主轴转速 /r·min⁻¹	切削速度 /m·min⁻¹	进给速度 /mm·min⁻¹	背吃刀量 /mm	备注
编制			审核		批准			共　页	第　页

四、实施

（1）填写数控加工程序清单（见表 1-14，可附页）。

表 1-14　数控加工程序清单

数控加工程序清单		组别	学号	姓名
模块名称		使用设备		成绩
零件图号		数控系统		
程序名		子程序名		
				说明

（2）记录仿真和实际加工实施过程中出现的与决策结果不一致的情况和出现异常的情况。

原计划：　　　　　　　　实际计划：

五、检查

学生和教师分别用量具或者量规检查已经加工好的零件或部件，评价是否达到要求的质量特征值，并分别把学生自评和教师检查的分值结果填入"工件质量及职业行为与素养过程评分表"（见表 1-15）中的"学生自评"和"教师检查"栏。

重要说明：

（1）当学生的评分和教师的评分一致时，得分为教师评分；当教师检查的实际尺寸与学生测量的实际尺寸不同时，以教师的测量结果为准。

（2）学生测得的实际尺寸在检测报告的评价中不予考虑，仅供学生自我反思。

（3）灰底处由教师填写。

六、评价

根据实训场地的安全文明操作规范和 6S 管理规范，评价自己在任务实施过程中是否遵守相关要求，并把违规和得分情况填入"工件质量及职业行为与素养过程评分表"中。将任务总成绩填入表 1-16 中。

重要说明：

（1）学生自评本人在任务实施过程中的职业行为与素养，总分 100 分。非重大失误，每次扣 2 分；重大失误每次扣 5 分，并对扣分原因做简要说明。

（2）教师根据学生的自评进行检查，"教师检查"栏中如情况属实打√，情况不属实打 ×，如果打"×"该项不得分。

（3）灰底处由教师填写。

表 1-15　工件质量及职业行为与素养过程评分表

序号	项目		评分标准	配分	学生自评	教师检查	得分	整改意见
1	轮廓形状		错一处扣 5 分	10				
2	直径		每超差一处扣 5 分	30				
3	长度		每超差一处扣 5 分	40				
4	外观	表面粗糙度	增大一级扣 1 分	5				
		倒角、倒锐	每超差一处扣 2 分	10				
		有无损伤	有损伤不得分	5				
				工件质量总分 =				

续表

序号	项目	评分标准	配分	学生自评	教师检查	得分	整改意见
1	安全文明操作及6S管理规范（共75分）	工具、量具混放扣2分	10				
2		量具掉地上每次扣2分	10				
3		量具测量方法不对扣2分	5				
4		未填写6S管理点检表扣5分	10				
5		未穿工作服扣5分	10				
6		工作服穿戴不整齐、不规范扣2分	10				
7		工具、量具摆放不整齐每次扣2分	5				
8		操作工位旁不整洁每次扣2分	5				
9		操作时发生安全小事故扣5分	10				
10	否决项，违反其中一项，职业行为与素养0分处理	不服从实训安排					
11		严重违反安全与文明生产规程					
12		违反设备操作规程					
13		发生重大事故					
14	TPM管理（共25分）	TPM管理点检表填写不完全每处扣2分	10				
15		TPM管理执行（扣5-3-0三个等次）	5				
16		未填写TPM点检表	10				
				职业行为与素养得分＝			

表 1-16 任务总成绩计算

序号	各部分成绩	权重	中间成绩
1	零件自评检测	0.4	
2	职业行为与素养	0.3	
3	工作页评价	0.3	
		总成绩：	

总结与提高

（1）描述本次任务的内容，思考自己设计的加工工艺和所编程序能否进一步优化，如果可以，应该怎样优化？

（2）总结收获和体会（学到了哪些知识，在工作过程中犯了哪些错误，怎么解决的）。

（3）思考题。

①在零件检查过程中，发现零件尺寸超差了，请分析误差产生的原因并提出解决办法。

②加工过程中，你是如何判断切削参数是否合适的？

③你觉得自己在哪些方面没有做好？如果重新做，你会如何改进？在后面的任务中你将注意哪些问题？

④对于简单的阶梯轴零件加工操作，你有哪些不清楚的地方？你认为自己在哪些方面需要改进？

任务小结

本次任务的**知识目标**主要是能够掌握简单阶梯轴加工工艺，掌握外圆车刀的知识及切削参数的制订；掌握 G00、G01、G70、G71 等基本数控编程指令的格式和使用；掌握工件、刀具切削要素知识；掌握坐标系及对刀原理。**能力目标**主要是会安排简单阶梯轴的走刀路线，会编制阶梯轴的数控车削程序；掌握数控车床基本操作，会对数控车床进行保养，能做好现场 6S 管理和 TPM 管理。

工艺知识：数控车削加工流程、数控车床类型、数控车床结构、数控车床操作面板、机床坐标系、数控车削加工对象类型、切削要素、切削用量。

刀具知识：刀具类型。

测量知识：游标卡尺、百分表。

夹具知识：三爪卡盘。

编程知识：坐标系（机床坐标系、编程坐标系）、工件坐标系、G54~G59、节点计算、进给指令 F、主轴转速指令 S、换刀指令 T、进给量单位选择、公制 / 英制编程、绝对值编程 / 增量编程、快速点定位指令 G00、直线指令 G01、粗车循环指令 G71 和精车循环指令 G70 等。

情境模块二　轴类零件加工	姓名：	班级：
任务二　球头拉杆加工	日期：	工作页评价：

 球头拉杆加工

任务导入

如图 1-5 所示，试编写球头拉杆的数控加工程序，毛坯：长度 70 mm，直径 30 mm。

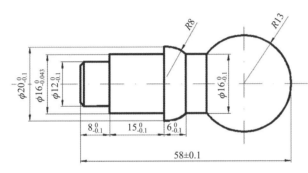

技术要求：

1. 未注倒角 C1。
2. 未注尺寸公差按 GB/T 1804—m 执行。
3. 去除毛刺、飞边。

图 1-5　球头拉杆

任务提示

一、任务描述

　　本车间获得一批球头拉杆零件的加工任务，共30件，工期为3天。生产管理部门同技术人员与客户协商签订了加工合同。生产管理部门向车间下达加工该零件的任务单，工期为3天，任务完成后提交成品件及检验报告。车间管理部门将接收的该零件的任务单下达技术科，要求编程员制订加工工艺并提供手工编制的数控车削加工程序，经试加工后，将程序和样品提交车间，供数控车床操作工加工使用。

二、工作方法

（1）读图后分析问题，可以使用的材料有课本内容、刀具样本等。

（2）以小组讨论的形式完成工作计划。

（3）按照工作计划，完成加工工艺卡的填写、数控编程与加工任务。对于工作中出现的问题，尽量自行解决，如无法解决再与培训教师进行讨论。

（4）培训过程中与培训教师讨论，进行工作总结。

三、工作内容

（1）分析零件图样，拟定工作路线。

（2）刀、量、夹具及加工参数选择。

（3）节点坐标计算。

（4）数控编程与调试。

（5）零件加工与检测。

（6）工具、设备、现场 6S 和 TPM 管理。

四、工具

（1）塑胶锤子。

（2）游标卡尺。

（3）百分表及表座。

（4）表面粗糙度样板。

（5）数控外圆车刀。

（6）半径规。

五、知识储备

（1）数控车削圆弧零件加工工艺。

（2）圆弧插补指令 G02、G03。

（3）成形车削循环指令 G73。

（4）刀尖半径补偿指令 G41、G42、G40。

（5）内外径车削循环指令 G90。

（6）主轴最高限速指令 G50、恒限速指

令 G96、恒转速指令 G97。

六、注意事项与工作提示

（1）机床只能由一人操作，不可多人同时操作。

（2）穿实训鞋服、佩戴防护眼镜。

（3）加工时，工件必须夹紧。

（4）停机测量工件时，应将工件移出，避免人体被刀具误伤。

（5）配制切削液时，应戴防护手套，防止切削液对皮肤造成腐蚀性伤害。

（6）毛坯必须去毛刺。

七、劳动安全

（1）严格遵守车间安全标志的指示。

（2）工件去毛刺，避免划伤。

八、环境保护

（1）不可随意倾倒切削液，应遵从实训中心 6S 管理规定进行处理。

（2）切屑应放置在指定废弃处。

工作过程

一、信息

（1）列出球头拉杆的技术要求和尺寸要求，并分析在加工过程中怎样保证尺寸。

（2）加工本零件所需的毛坯有什么特点？画出毛坯图。

（3）查阅资料，写出 G02、G03、G73、G41、G42、G40、G90、G50、G96、G97 指令含义及使用格式。

（4）如何建立和取消刀尖半径补偿功能？

（5）如何选择使用 G41 和 G42 指令？

（6）该零件涉及哪些检测工具，其使用要求是什么？

（7）自己收集资料查询相似零件的编程案例，分析加工工艺和加工程序，供编程参考。

（8）讨论、分析，确定本零件的数控加工工艺（加工工序、加工基准、加工部位和刀具路径等），并估算加工时间和加工成本。

（9）计算零件图中各基点坐标的公称值，填入表1-17。

表1-17 基点坐标公称值

基点名称	1	2	3	4	5	6	7	8	9	10	11	12	13	14	15	16	17	18
X																		
Z																		

（10）计算零件图中各基点坐标的公差带中间值，填入表1-18。

表1-18 基点坐标公差带中间值

基点名称	1	2	3	4	5	6	7	8	9	10	11	12	13	14	15	16	17	18
X																		
Z																		

二、计划

小组讨论后，完成小组成员分工表（见表1-19）和工作计划流程表（见表1-20）。

表1-19 小组成员分工表

成员姓名	职务	小组中的任务分工	备注

表 1-20　工作计划流程表

序号	工作内容	工作时间 / 分钟	执行人
1			
2			
3			
4			
5			

三、决策

完成工、量、刃、辅具及材料表（见表 1-21），完成数控加工工序卡（见表 1-22）。

表 1-21　工、量、刃、辅具及材料表

种类	序号	名称	规格	精度	数量	备注
工具						
量具						
刃具						

续表

种类	序号	名称	规格	精度	数量	备注
辅具						
材料						

表 1-22　数控加工工序卡

数控加工工序卡			产品型号		零件图号		
			产品名称		零件名称		
材料牌号		毛坯种类	毛坯外形尺寸		备注		
工序号	工序名称	设备名称	设备型号	程序编号	夹具代号	夹具名称	切削液	车间
工步号	工步内容	刀具号	刀具	量具	主轴转速 /r·min^{-1}	切削速度 /m·min^{-1}	进给速度 /mm·min^{-1}	背吃刀量 /mm	备注

续表

工步号	工步内容	刀具号	刀具	量具	主轴转速 /r·min⁻¹	切削速度 /m·min⁻¹	进给速度 /mm·min⁻¹	背吃刀量 /mm	备注
编制			审核		批准			共　页	第　页

四、实施

（1）填写数控加工程序清单（见表 1-23，可附页）。

表 1-23　数控加工程序清单

数控加工程序清单			组别	学号	姓名
模块名称		使用设备		成绩	
零件图号		数控系统			
程序名		子程序名			
					说明

（2）记录仿真和实际加工实施过程中出现的与决策结果不一致的情况和出现异常的情况。

原计划：　　　　　　　实际计划：

五、检查

学生和教师分别用量具或者量规检查已经加工好的零件或部件，评价是否达到要求的质量特征值，并分别把学生自评和教师检查的分值结果填入"工件质量及职业行为与素养过程评分表"（见表1-24）中的"学生自评"和"教师检查"栏。

重要说明：

（1）当学生的评分和教师的评分一致时，得分为教师评分；当教师检查的实际尺寸与学生测量的实际尺寸不同时，以教师的测量结果为准。

（2）学生测得的实际尺寸在检测报告的评价中不予考虑，仅供学生自我反思。

（3）灰底处由教师填写。

六、评价

根据实训场地的安全文明操作规范和6S管理规范，评价自己在任务实施过程中是否遵守相关要求，并把违规和得分情况填入"工件质量及职业行为与素养过程评分表"中。将任务总成绩填入表1-25中。

重要说明：

（1）学生自评本人在任务实施过程中的职业行为与素养，总分100分。非重大失误，每次扣2分；重大失误每次扣5分，并对扣分原因做简要说明。

（2）教师根据学生的自评进行检查，"教师检查"栏中如情况属实打√，情况不属实打×，如果打"×"该项不得分。

（3）灰底处由教师填写。

表1-24　工件质量及职业行为与素养过程评分表

序号	项目	评分标准	配分	学生自评	教师检查	得分	整改意见
1	轮廓形状	错一处扣5分	10				
2	直径	每超差一处扣5分	30				
3	长度	每超差一处扣3分	30				
4	圆弧	超差不得分	10				

续表

序号	项目		评分标准	配分	学生自评	教师检查	得分	整改意见
5	外观	表面粗糙度	增大一级扣1分	5				
		倒角、倒锐	每超差一处扣2分	10				
		有无损伤	有损伤不得分	5				
			工件质量总分=					
1	安全文明操作及6S管理规范（共75分）		工具、量具混放扣2分	10				
2			量具掉地上每次扣2分	10				
3			量具测量方法不对扣2分	5				
4			未填写6S管理点检表扣5分	10				
5			未穿工作服扣5分	10				
6			工作服穿戴不整齐、不规范扣2分	10				
7			工具、量具摆放不整齐每次扣2分	5				
8			操作工位旁不整洁每次扣2分	5				
9			操作时发生安全小事故扣5分	10				
10	否决项，违反其中一项，职业行为与素养0分处理		不服从实训安排					
11			严重违反安全与文明生产规程					
12			违反设备操作规程					
13			发生重大事故					
14	TPM管理（共25分）		TPM管理点检表填写不完全每处扣2分	10				
15			TPM管理执行（扣5-3-0三个等次）	5				

续表

序号	项目	评分标准	配分	学生自评	教师检查	得分	整改意见
16	TPM 管理（共 25 分）	未填写 TPM 点检表	10				
				职业行为与素养得分 =			

表 1-25 任务总成绩计算

序号	各部分成绩	权重	中间成绩
1	零件自评检测	0.4	
2	职业行为与素养	0.3	
3	工作页评价	0.3	
		总成绩：	

总结与提高

（1）描述本次任务的内容，思考自己设计的加工工艺和所编程序能否进一步优化，如果可以，应该怎样优化？

（2）总结收获和体会（学到了哪些知识，在工作过程中犯了哪些错误，怎么解决的）。

（3）思考题。

①在零件检查过程中，发现零件圆弧尺寸超差了，请分析误差产生的原因并提出解决办法。

②你采用了哪种工艺路线加工零件？与其他同学相比，采用这种工艺路线的优缺点是什么？

③你觉得自己在哪些方面没有做好？如果重新做，你会如何改进？在后面的任务中你将注意哪些问题？

④对于简单的球头拉杆零件加工操作，你有哪些不清楚的地方？你认为自己在哪些方面需要改进？

任务小结

本次任务的**知识目标**主要是能够掌握轮廓封闭切削循环指令 G73 及应用，掌握 G40、G41、G42、G02、G03 指令及其应用；理解球头拉杆加工工艺制订方法简单阶梯轴加工工艺，掌握外圆车刀的知识及切削参数的制订。**能力目标**主要是熟练装夹工件、刀具；能用卡尺、千分尺等测量零件的径向和轴向尺寸；使用、调整三爪自定心卡盘；熟练掌握数控车床开机、回零、对刀操作；会设置刀位码。

工艺知识：数控车削加工流程、数控车床类型、数控车床结构、数控车床操作面板、车床坐标系、数控车削加工对象类型、切削要素、切削用量。

刀具知识：刀具类型。

测量知识：游标卡尺。

夹具知识：三爪卡盘。

编程知识：坐标系（机床坐标系、编程坐标系），节点计算，进给指令 F，主轴转速指令 S，换刀指令 T，G02、G03 圆弧插补指令，G73、G40、G41、G42、G90、G50、G96、G97。

情境模块二　轴类零件加工 任务三　螺塞加工	姓名：　　　　　　班级： 日期：　　　　　　工作页评价：

任务三 > **螺塞加工**

任务导入

如图 1-6 所示，试编写螺塞的数控加工程序。

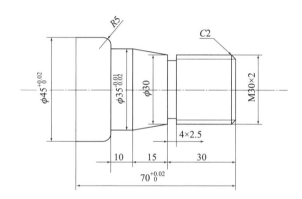

技术要求：
1. 未注公差尺寸按 GB/T 1804—m。
2. 去除毛刺飞边。
3. 零件加工表面上，不应有划痕、擦伤等损伤零件表面的缺陷。

图 1-6　螺塞零件图

　任务提示

一、任务描述

　　本车间获得一批螺塞零件的加工任务，共 50 件，工期为 5 天。生产管理部门同技术人员与客户协商签订了加工合同。生产管理部门向车间下达加工该零件的任务单，工期为 5 天，任务完成后提交成品件及检验报告。车间管理部门将接收的该零件的任务单下达技术科，要求编程员制订加工工艺并提供手工编制的数控车削加工程序，经试加工后，将程序和样品提交车间，供数控车床操作工加工使用。

二、工作方法

（1）读图后分析问题，可以使用的材料有课本内容、刀具样本等。
（2）以小组讨论的形式完成工作计划。
（3）按照工作计划，完成加工工艺卡的填写、数控编程与加工任务。对于工作中出现的问题，尽量自行解决，如无法解决再与培训教师进行讨论。
（4）培训过程中与培训教师讨论，进行工作总结。

三、工作内容

（1）分析零件图样，拟定工作路线。

（2）刀、量、夹具及加工参数选择。

（3）节点坐标计算。

（4）数控编程与调试。

（5）零件加工与检测。

（6）工具、设备、现场 6S 和 TPM 管理。

四、工具

（1）塑胶锤子。

（2）游标卡尺。

（3）百分表及表座。

（4）表面粗糙度样板。

（5）螺纹环规。

（6）数控车刀。

（7）数控螺纹车刀。

（8）切槽刀。

五、知识储备

（1）数控车削加工工艺。

（2）车螺纹加工工艺。

（3）切槽加工。

（4）螺纹加工切削指令 G32、螺纹切削单一循环指令 G92、车螺纹复合循环指令 G76。

六、注意事项与工作提示

（1）机床只能由一人操作，不可多人同时操作。

（2）穿实训鞋服、佩戴防护眼镜。

（3）加工时，工件必须夹紧。

（4）停机测量工件时，应将工件移出，避免人体被刀具误伤。

（5）配制切削液时，应戴防护手套，防止切削液对皮肤造成腐蚀性伤害。

（6）毛坯必须去毛刺。

七、劳动安全

（1）严格遵守车间安全标志的指示。

（2）工件去毛刺，避免划伤。

八、环境保护

（1）不可随意倾倒切削液，应遵从实训中心 6S 管理规定进行处理。

（2）切屑应放置在指定废弃处。

工作过程

一、信息

（1）列出螺塞的技术要求和尺寸要求，并分析在加工过程中怎样保证尺寸。

（2）加工本零件所需的毛坯有什么特点？画出毛坯图。

（3）查阅资料，写出 G32、G92 和 G76 指令的含义及使用格式。

（4）如何近似地确定外螺纹的圆柱直径、牙型高、空刀切入量、空刀切出量？

（5）外螺纹检验的方法是什么？涉及哪些检测工具?

（6）自己收集资料查询相似零件的编程案例，分析加工工艺和加工程序，供编程参考。

（7）讨论、分析，确定本零件的数控加工工艺（加工工序、加工基准、加工部位和刀具路径等），并估算加工时间和加工成本。

（8）计算零件图中各基点坐标的公称值表，填入表1-26中。

表1-26　基点坐标公称值

基点名称	1	2	3	4	5	6	7	8	9	10	11	12	13	14	15	16	17	18
X																		
Z																		

（9）计算零件图中各基点坐标的公差带中间值表，填入表1-27中。

表1-27　基点坐标公差带中间值

基点名称	1	2	3	4	5	6	7	8	9	10	11	12	13	14	15	16	17	18
X																		
Z																		

二、计划

小组讨论后，完成小组成员分工表（见表1-28）和工作计划流程表（见表1-29）。

表1-28　小组成员分工表

成员姓名	职务	小组中的任务分工	备注

表 1-29　工作计划流程表

序号	工作内容	工作时间 / 分钟	执行人
1			
2			
3			
4			
5			

三、决策

完成工、量、刃、辅具及材料表（见表 1-30），完成数控加工工序卡（见表 1-31）。

表 1-30　工、量、刃、辅具及材料表

种类	序号	名称	规格	精度	数量	备注
工具						
量具						
刃具						

续表

种类	序号	名称	规格	精度	数量	备注
辅具						
材料						

表 1-31　数控加工工序卡

数控加工工序卡			产品型号		零件图号		
			产品名称		零件名称		
材料牌号		毛坯种类	毛坯外形尺寸		备注		
工序号	工序名称	设备名称	设备型号	程序编号	夹具代号	夹具名称	切削液	车间
工步号	工步内容	刀具号	刀具	量具	主轴转速/r·min⁻¹	切削速度/m·min⁻¹	进给速度/mm·min⁻¹	背吃刀量/mm	备注

工步号	工步内容	刀具号	刀具	量具	主轴转速 /r · min⁻¹	切削速度 /m · min⁻¹	进给速度 /mm · min⁻¹	背吃刀量 /mm	备注
编制		审核		批准				共　页	第　页

四、实施

（1）填写数控加工程序清单（见表 1-32，可附页）。

表 1-32　数控加工程序清单

数控加工程序清单		组别	学号	姓名
模块名称		使用设备		成绩
零件图号		数控系统		
程序名		子程序名		
			说明	

（2）记录仿真和实际加工实施过程中出现的与决策结果不一致的情况和出现异常的情况。

原计划：　　　　　　　　实际计划：

五、检查

学生和教师分别用量具或者量规检查已经加工好的零件或部件，评价是否达到要求的质量特征值，并分别把学生自评和教师检查的分值结果填入"工件质量及职业行为与素养过程评分表"（见表1-33）中的"学生自评"和"教师检查"栏。

重要说明：

（1）当学生的评分和教师的评分一致时，得分为教师评分；当教师检查的实际尺寸与学生测量的实际尺寸不同时，以教师的测量结果为准。

（2）学生测得的实际尺寸在检测报告的评价中不予考虑，仅供学生自我反思。

（3）灰底处由教师填写。

六、评价

根据实训场地的安全文明操作规范和6S管理规范，评价自己在任务实施过程中是否遵守相关要求，并把违规和得分情况填入"工件质量及职业行为与素养过程评分表"中。将任务总成绩填入表1-34中。

重要说明：

（1）学生自评本人在任务实施过程中的职业行为与素养，总分100分。非重大失误，每次扣2分；重大失误每次扣5分，并对扣分原因做简要说明。

（2）根据学生的自评进行检查，"教师检查"栏中如情况属实打√，情况不属实打×，如果打"×"该项不得分。

（3）灰底处由教师填写。

表1-33　工件质量及职业行为与素养过程评分表

序号	项目	评分标准	配分	学生自评	教师检查	得分	整改意见
1	轮廓形状	错一处扣5分	10				
2	直径	每超差一处扣2分	20				
3	长度	每超差一处扣3分	30				
4	圆弧	超差不得分	10				

序号	项目		评分标准	配分	学生自评	教师检查	得分	整改意见
5	螺纹		超差一处扣5分	10				
6	外观	表面粗糙度	增大一级扣1分	5				
		倒角、倒锐	每超差一处扣2分	10				
		有无损伤	有损伤不得分	5				
			工件质量总分＝					
1	安全文明操作及6S管理规范（共75分）		工具、量具混放扣2分	10				
2			量具掉地上每次扣2分	10				
3			量具测量方法不对扣2分	5				
4			未填写6S管理点检表扣5分	10				
5			未穿工作服扣5分	10				
6			工作服穿戴不整齐、不规范扣2分	10				
7			工具、量具摆放不整齐每次扣2分	5				
8			操作工位旁不整洁每次扣2分	5				
9			操作时发生安全小事故扣5分	10				
10	否决项，违反其中一项，职业行为与素养0分处理		不服从实训安排					
11			严重违反安全与文明生产规程					
12			违反设备操作规程					
13			发生重大事故					
14	TPM管理（共25分）		TPM管理点检表填写不完全每处扣2分	10				

续表

序号	项目	评分标准	配分	学生自评	教师检查	得分	整改意见
15	TPM 管理（共 25 分）	TPM 管理执行（扣 5-3-0 三个等次）	5				
16		未填写 TPM 点检表	10				
				职业行为与素养得分 =			

表 1-34　任务总成绩计算

序号	各部分成绩	权重	中间成绩
1	零件自评检测	0.4	
2	职业行为与素养	0.3	
3	工作页评价	0.3	
		总成绩：	

总结与提高

（1）描述本次任务的内容，思考自己设计的加工工艺和所编程序能否进一步优化，如果可以，应该怎样优化。

（2）总结收获和体会（学到了哪些知识，在工作过程中犯了哪些错误，怎么解决的）。

（3）思考题。

①在零件检查过程中，发现螺纹尺寸超差了，请分析误差产生的原因并提出解决办法。

②你采用了哪种工艺路线加工零件？与其他同学相比，在加工过程中，你的切削参数选择和其他组的同学一样吗？如果不一样，加工结果哪个更好？为什么？

③你觉得自己在哪些方面没有做好？如果重新做，你会如何改进？在后面的任务中你将注意哪些问题？

④总结三种螺纹切削指令的分别更适用于什么场合。

任务小结

本次任务的**知识目标**主要是能够掌握简单螺纹加工工艺；掌握简单切槽加工工艺；掌握螺纹车刀和切槽刀的知识及切削参数的制订；掌握 G32、G92、G76 数控编程指令的格式和使用。**能力目标**主要是会安排简单螺纹加工走刀路线，会编制带螺纹的阶梯轴的数控车削程序，掌握数控车床基本操作；会对数控车床进行保养，能做好现场 6S 管理和 TPM 管理。

工艺知识：数控车削加工流程、数控车床类型、数控车床结构、数控车床操作面板、机床坐标系、数控车削加工对象类型、切削要素、切削用量。

刀具知识：刀具类型。

测量知识：游标卡尺。

夹具知识：三爪卡盘。

编程知识：节点计算、进给指令 F、主轴转速指令 S、换刀指令 T、进给量单位选择、公制 / 英制编程、快速点定位指令 G00、直线指令 G01、螺纹切削指令 G32、G92 和 G76。

情境模块二 轴类零件	姓名：	班级：
任务四 多槽轴加工	日期：	工作页评价：

任务四 ❯ 多槽轴加工

任务导入

如图 1-7 所示，试编写多槽轴零件的数控加工程序。

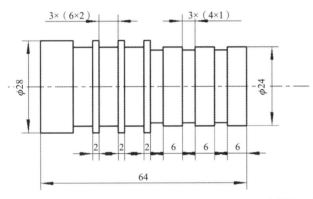

技术要求：
1. 未注公差尺寸按 GB/T 1804—m。
2. 去除毛刺飞边。
3. 零件加工表面上，不应有划痕、擦伤等损伤零件表面的缺陷。

图 1-7 多槽轴零件

任务提示

一、任务描述

本车间获得一批多槽轴零件的加工任务，共 30 件，工期为 3 天。生产管理部门同技术人员与客户协商签订了加工合同。生产管理部门向车间下达加工该零件的任务单，工期为 3 天，任务完成后提交成品件及检验报告。车间管理部门将接收的该零件的任务单下达技术科，要求编程员制订加工工艺并提供手工编制的数控车削加工程序，经试加工后，将程序和样品提交车间，供数控车床操作工加工使用。

二、工作方法

（1）读图后分析问题，可以使用的材料有课本内容、刀具样本等。

（2）以小组讨论的形式完成工作计划。

（3）按照工作计划，完成加工工艺卡的填写、数控编程与加工任务。对于工作中出现的问题，尽量自行解决，如无法解决再与培训教师进行讨论。

（4）培训过程中与培训教师讨论，进行工作总结。

三、工作内容

（1）分析零件图样，拟定工作路线。

（2）刀、量、夹具及加工参数选择。

（3）节点坐标计算。

（4）数控编程与调试。

（5）零件加工与检测。

（6）工具、设备、现场 6S 和 TPM 管理。

四、工具

（1）塑胶锤子。

（2）游标卡尺。

（3）百分表及表座。

（4）表面粗糙度样板。

（5）数控车刀。

（6）外槽车刀。

五、知识储备

（1）数控车削加工流程。

（2）暂停指令 G04。

（3）回参考点指令 G28。

（4）径向沟槽复合循环指令 G75。

（5）子程序调用指令 M98、子程序结束指令 M99。

（6）外沟槽切削加工工艺。

六、注意事项与工作提示

（1）机床只能由一人操作，不可多人同时操作。

（2）穿实训鞋服、佩戴防护眼镜。

（3）加工时，工件必须夹紧。

（4）停机测量工件时，应将工件移出，避免人体被刀具误伤。

（5）配制切削液时，应戴防护手套，防止切削液对皮肤造成腐蚀性伤害。

（6）毛坯必须去毛刺。

七、劳动安全

（1）严格遵守车间安全标志的指示。

（2）工件去毛刺，避免划伤。

八、环境保护

（1）不可随意倾倒切削液，应遵从实训中心 6S 管理规定进行处理。

（2）切屑应放置在指定废弃处。

工作过程

一、信息

（1）查阅资料，写出 G04、G28、G75、M98、M99 指令的含义及使用格式。

（2）加工本零件所需的毛坯有什么特点？画出毛坯图。

（3）请简述切槽刀对刀过程，并阐述切槽刀在编程过程中要注意的事项。

（4）查阅刀具手册，简述数控外槽车刀的类型和结构。在切外槽时怎样选择外槽切刀？

（5）根据图纸要求，写出怎样选择切槽的切屑用量？

（6）自己收集资料查询相似零件的编程案例，分析加工工艺和加工程序，供编程参考。

（7）外槽检测的方法及使用的量具?

二、计划

小组讨论后，完成小组成员分工表（见表1-35）和工作计划流程表（见表1-36）。

表1-35 小组成员分工表

成员姓名	职务	小组中的任务分工	备注

表1-36 工作计划流程表

工件名称：		工件号：	
序号	工作内容	工作时间/分钟	执行人
1			
2			
3			
4			
5			

三、决策

完成工、量、刃、辅具及材料表（见表1-37）和数控加工工序卡（见表1-38）。

表1-37 工、量、刃、辅具及材料表

种类	序号	名称	规格	精度	数量	备注
工具						

种类	序号	名称	规格	精度	数量	备注
工具						
量具						
刃具						
辅具						
材料						

表 1-38 数控加工工序卡

数控加工工序卡			产品型号		零件图号	
			产品名称		零件名称	
材料牌号		毛坯种类	毛坯外形尺寸		备注	

续表

工序号	工序名称	设备名称	设备型号	程序编号	夹具代号	夹具名称	切削液	车间

工步号	工步内容	刀具号	刀具	量具	主轴转速 /r·min⁻¹	切削速度 /m·min⁻¹	进给速度 /mm·min⁻¹	背吃刀量 /mm	备注
编制			审核		批准			共 页	第 页

四、实施

（1）填写数控加工程序清单（见表1-39，可附页）。

表 1-39 数控加工程序清单

数控加工程序清单		组别	学号	姓名
模块名称	使用设备		成绩	
零件图号	数控系统			
程序名		子程序名		
				说明

（2）记录仿真和实际加工实施过程中出现的与决策结果不一致的情况和出现异常的情况。

原计划：　　　　　　　　　实际计划：

五、检查

学生和教师分别用量具或者量规检查已经加工好的零件或部件，评价是否达到要求的质量特征值，并分别把学生自评和教师检查的分值结果填入"工件质量及职业行为与素养过程评分表"（见表 1-40）中的"学生自评"和"教师检查"栏。

重要说明：

（1）当学生的评分和教师的评分一致时，得分为教师评分；当教师检查的实际尺寸与学生测量的实际尺寸不同时，以教师的测量结果为准。

（2）学生测得的实际尺寸在检测报告的评价中不予考虑，仅供学生自我反思。

（3）灰底处由教师填写。

六、评价

根据实训场地的安全文明操作规范和 6S 管理规范，评价自己在任务实施过程中是否遵守相关要求，并把违规和得分情况填入"工件质量及职业行为与素养过程评分表"中。将任务总成绩填入表 1-41 中。

重要说明：

（1）学生自评本人在任务实施过程中的职业行为与素养，总分 100 分。非重大失误，每次扣 2 分；重大失误每次扣 5 分，并对扣分原因做简要说明。

（2）教师根据学生的自评进行检查，"教师检查"栏中如情况属实打√，情况不属实打 ×，如果打"×"该项不得分。

（3）底处由教师填写。

表 1-40　工件质量及职业行为与素养过程评分表

序号	项目		评分标准	配分	学生自评	教师检查	得分	整改意见
1	轮廓形状		错一处扣 5 分	10				
2	直径		每超差一处扣 5 分	30				
3	表面长度		每超差一处扣 5 分	40				
4	外观	粗糙度	增大一级扣 1 分	5				
		倒角、倒锐	每超差一处扣 2 分	10				
		有无损伤	有损伤不得分	5				
			工件质量总分 =					
1	安全文明操作及 6S 管理规范（共 75 分）		工具、量具混放扣 2 分	10				
2			量具掉地上每次扣 2 分	10				
3			量具测量方法不对扣 2 分	5				
4			未填写 6S 管理点检表扣 5 分	10				
5			未穿工作服扣 5 分	10				
6			工作服穿戴不整齐不规范扣 2 分	10				
7			工具、量具摆放不整齐每次扣 2 分	5				
8			操作工位旁不整洁每次扣 2 分	5				
9			操作时发生安全小事故扣 5 分	10				

序号	项目	评分标准	配分	学生自评	教师检查	得分	整改意见
10	否决项，违反其中一项，职业行为与素养0分处理	不服从实训安排					
11		严重违反安全与文明生产规程					
12		违反设备操作规程					
13		发生重大事故					
14	TPM管理（共25分）	TPM管理点检表填写不完全每处扣2分	10				
15		TPM管理执行（扣5-3-0三个等次）	5				
16		未填写TPM点检表	10				
		职业行为与素养得分 =					

表 1-41 任务总成绩计算

序号	各部分成绩	权重	中间成绩
1	零件自评检测	0.4	
2	职业行为与素养	0.3	
3	工作页评价	0.3	
		总成绩：	

总结与提高

（1）描述本次任务的内容。思考自己设计的加工工艺和所编程序能否进一步优化。如果可以，应该怎样优化?

（2）总结收获和体会（学到了哪些知识，在工作过程中犯了哪些错误，怎么解决的）。

（3）思考题。

①在零件检查过程中，发现槽底的表面粗糙度没有达到精度要求，请分析误差产生的原因并提出解决办法。

②本项目是直槽加工，请思考一下，V形槽如何加工，写出具体思路。

③你觉得自己在哪些方面没有做好？如果重新做，你会如何改进？在后面的任务中你将注意哪些问题？

④对于外槽车削零件加工操作，你有哪些不清楚的地方？你认为自己在哪些方面需要改进？

任务小结

本次任务的**知识目标**主要是能够制订各种外槽加工工艺，掌握外槽车刀的知识及切削参数的制订；掌握 G04、G28、G75、M98、M99 等基本数控编程指令的格式和使用；掌握切槽刀对刀操作。**能力目标**主要是会安排外槽切削的走刀路线，会编写各种外槽加工程序；会进行外槽车刀的安装和对刀，具有加工各种外槽零件并达到一定精度要求的能力，会对数控车床进行保养；能做好现场 6S 管理和 TPM 管理。

工艺知识：数控外槽车削加工流程、数控车削加工对象类型、切削要素、切削用量。

刀具知识：切槽刀类型。

测量知识：钢直尺、游标卡尺、样板、内测千分尺、角度尺。

夹具知识：三爪卡盘。

编程知识：暂停指令 G04、回参考点指令 G28、径向沟槽复合循环指令 G75、子程序调用指令 M98、子程序结束指令 M99。

情境模块三　盘套类零件加工	姓名：	班级：
任务一　阶梯孔轴套加工	日期：	工作页评价：

情境模块三　盘套类零件加工

任务一　阶梯孔轴套加工

📋 任务导入

如图 1-8 所示，试编写阶梯孔轴套的数控加工程序，毛坯：长度 50 mm，直径 40 mm。

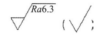

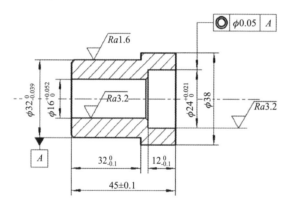

技术要求：
1. 未注公差尺寸按 GB/T 1804—m。
2. 锐角倒钝，未注倒角 C1。

图 1-8　轴套零件图

📋 任务提示

一、任务描述

　　本车间获得一批阶梯孔轴套零件的加工任务，共 200 件，工期为 10 天。生产管理部门同技术人员与客户协商签订了加工合同。生产管理部门向车间下达加工该零件的任务单，工期为 10 天，任务完成后提交成品件及检验报告。车间管理部门将接收的该零件的任务单下达技术科，要求编程员制订加工工艺并提供手工编制的数控车削加工程序，经试加工后，将程序和样品提交车间，供数控车床操作工加工使用。

二、工作方法

（1）读图后分析问题，可以使用的材料有课本内容、刀具样本等。

（2）以小组讨论的形式完成工作计划。

（3）按照工作计划，完成加工工艺卡的填写、数控编程与加工任务。对于工作中出现的问题，尽量自行解决，如无法解决再与培训教师进行讨论。

（4）培训过程中与培训教师讨论，进行工作总结。

三、工作内容

（1）分析零件图样，拟定工作路线。

（2）刀、量、夹具及加工参数选择。

（3）节点坐标计算。

（4）数控编程与调试。

（5）零件加工与检测。

（6）工具、设备、现场 6S 和 TPM 管理。

四、工具

（1）塑胶锤子。

（2）游标卡尺。

（3）百分表及表座。

（4）表面粗糙度样板。

（5）数控外圆车刀。

（6）数控内孔车刀。

五、知识储备

（1）数控车内孔加工工艺。

（2）数控车内孔车刀的选用与使用。

（3）倒角指令的应用 G01。

（4）G71 指令加工内孔。

六、注意事项与工作提示

（1）机床只能由一人操作，不可多人同时操作。

（2）穿实训鞋服、佩戴防护眼镜。

（3）加工时，工件必须夹紧。

（4）停机测量工件时，应将工件移出，避免人体被刀具误伤。

（5）配制切削液时，应戴防护手套，防止切削液对皮肤造成腐蚀性伤害。

（6）毛坯必须去毛刺。

七、劳动安全

（1）严格遵守车间安全标志的指示。

（2）工件去毛刺，避免划伤。

八、环境保护

（1）不可随意倾倒切削液，应遵从实训中心 6S 管理规定进行处理。

（2）切屑应放置在指定废弃处。

工作过程

一、信息

（1）列出阶梯孔轴套的技术要求和尺寸要求。并分析在加工过程中怎样保证尺寸。

（2）加工本零件所需的毛坯有什么特点？画出毛坯图。

（3）查阅资料，写出 G01 倒角指令的含义、G71 指令加工内孔时的注意事项。

（4）列出内孔车刀的主要种类、使用特点和使用场合？

（5）解释几何公差（同轴度）在阶梯孔轴套零件图中的意义。说明在加工时如何保证同轴度。

（6）该零件涉及哪些检测工具，其使用要求是什么？

（7）自己收集资料并查询相似零件的编程案例，分析加工工艺和加工程序，供编程参考。

（8）讨论、分析，确定本零件的数控加工工艺（加工工序、加工基准、加工部位和刀具路径等），并估算加工时间和加工成本。

（9）计算零件图中各基点坐标的公称值，填入表1-42中。

表1-42 基点坐标公称值

基点名称	1	2	3	4	5	6	7	8	9	10	11	12	13	14	15	16	17	18
X																		
Z																		

（10）计算零件图中各基点坐标的公差带中间值，填入表1-43中。

表1-43 基点坐标公差带中间值

基点名称	1	2	3	4	5	6	7	8	9	10	11	12	13	14	15	16	17	18
X																		
Z																		

二、计划

小组讨论后，完成小组成员分工表（见表1-44）和工作计划流程表（见表1-45）。

表1-44 小组成员分工表

成员姓名	职务	小组中的任务分工	备注

续表

成员姓名	职务	小组中的任务分工	备注

表 1-45　工作计划流程表

序号	工作内容	工作时间 / 分钟	执行人
1			
2			
3			
4			
5			

三、决策

完成工、量、刃、辅具及材料表（见表 1-46）和数控加工工序卡（见表 1-47）。

表 1-46　工、量、刃、辅具及材料表

种类	序号	名称	规格	精度	数量	备注
工具						
量具						
刃具						

续表

种类	序号	名称	规格	精度	数量	备注
辅具						
材料						

表 1-47　数控加工工序卡

数控加工工序卡				产品型号		零件图号			
				产品名称		零件名称			
材料牌号		毛坯种类		毛坯外形尺寸		备注			
工序号	工序名称	设备名称	设备型号	程序编号	夹具代号	夹具名称	切削液	车间	
工步号	工步内容	刀具号	刀具	量具	主轴转速 /r·min⁻¹	切削速度 /m·min⁻¹	进给速度 /mm·min⁻¹	背吃刀量 /mm	备注

续表

工步号	工步内容	刀具号	刀具	量具	主轴转速 /r·min⁻¹	切削速度 /m·min⁻¹	进给速度 /mm·min⁻¹	背吃刀量 /mm	备注
编制			审核		批准			共 页	第 页

四、实施

（1）填写数控加工程序清单（见表1-48，可附页）。

表 1-48 数控加工程序清单

数控加工程序清单		组别	学号	姓名
模块名称		使用设备	成绩	
零件图号		数控系统		
程序名		子程序名		
			说明	

（2）记录仿真和实际加工实施过程中出现的与决策结果不一致的情况和出现异常的情况。

原计划：　　　　　　　　　实际计划：

五、检查

学生和教师分别用量具或者量规检查已经加工好的零件或部件，评价是否达到要求的质量特征值，并分别把学生自评和教师检查的分值结果填入"工件质量及职业行为与素养过程评分表"（见表 1-49）中的"学生自评"和"教师检查"栏。

重要说明：

（1）当学生的评分和教师的评分一致时，得分为教师评分；当教师检查的实际尺寸与学生测量的实际尺寸不同时，以教师的测量结果为准。

（2）学生测得的实际尺寸在检测报告的评价中不予考虑，仅供学生自我反思。

（3）灰底处由教师填写。

六、评价

根据实训场地的安全文明操作规范和 6S 管理规范，评价自己在任务实施过程中是否遵守相关要求，并把违规和得分情况填入"工件质量及职业行为与素养过程评分表"中。将任务总成绩填入表 1-50 中。

重要说明：

（1）学生自评本人在任务实施过程中的职业行为与素养，总分 100 分。非重大失误，每次扣 2 分；重大失误每次扣 5 分，并对扣分原因做简要说明。

（2）教师根据学生的自评进行检查，"教师检查"栏中如情况属实打√，情况不属实打×，如果打"×"该项不得分。

（3）灰底处由教师填写。

表 1-49　工件质量及职业行为与素养过程评分表

序号	项目	评分标准	配分	学生自评	教师检查	得分	整改意见
1	轮廓形状	错一处扣 5 分	10				
2	直径	每超差一处扣 10 分	30				
3	长度	每超差一处扣 10 分	30				
4	几何公差	每超差一处扣	10				

续表

序号	项目		评分标准	配分	学生自评	教师检查	得分	整改意见
5	外观	表明粗糙度	增大一级扣 1 分	5				
		倒角、倒锐	每超差一处扣 2 分	10				
		有无损伤	有损伤不得分	5				
			工件质量总分 =					
1	安全文明操作及 6S 管理规范（共 75 分）		工具、量具混放扣 2 分	10				
2			量具掉地上每次扣 2 分	10				
3			量具测量方法不对扣 2 分	5				
4			未填写 6S 管理点检表扣 5 分	10				
5			未穿工作服扣 5 分	10				
6			工作服穿戴不整齐、不规范扣 2 分	10				
7			工具、量具摆放不整齐每次扣 2 分	5				
8			操作工位旁不整洁每次扣 2 分	5				
9			操作时发生安全小事故扣 5 分	10				
10	否决项，违反其中一项，职业行为与素养 0 分处理		不服从实训安排					
11			严重违反安全与文明生产规程					
12			违反设备操作规程					
13			发生重大事故					
14	TPM 管理（共 25 分）		TPM 管理点检表填写不完全每处扣 2 分	10				
15			TPM 管理执行（扣 5-3-0 三个等次）	5				

序号	项目	评分标准	配分	学生自评	教师检查	得分	整改意见
16	TPM 管理（共 25 分）	未填写 TPM 点检表	10				
				职业行为与素养得分 =			

表 1-50　任务总成绩计算

序号	各部分成绩	权重	中间成绩
1	零件自评检测	0.4	
2	职业行为与素养	0.3	
3	工作页评价	0.3	
		总成绩：	

总结与提高

（1）描述本次任务的内容。

（2）总结收获和体会（学到了哪些知识，在工作过程中犯了哪些错误，怎么解决的）。

（3）思考题。

①加工内孔比加工外圆难度大。加工内孔时应注意什么问题？

②薄壁套和深孔的加工，在装夹、刀具、工艺参数等方面有什么特点？说明影响轴套类零件数控车削加工精度的因素。

③你觉得自己在哪些方面没有做好？如果重新做，你会如何改进？在后面的任务中你将注意哪些问题？

④对于阶梯孔轴套零件的加工操作，你有哪些不清楚的地方？你认为自己在哪些方面需要改进？

📋 任务小结

本次任务的**知识目标**主要是掌握制订内孔阶梯轴加工工艺的方法，掌握选择内孔车刀的知识及内孔切削参数的选择；掌握阶梯孔轴套零件的程序编制方法；掌握 G01 倒角指令和 G71 加工内孔数控编程指令的格式和使用注意事项；掌握内孔车刀对刀操作；了解套类零件的装夹方法及位置精度控制方法。**能力目标**主要是会安排阶梯孔轴套零件的走刀路线，会编写阶梯轴轴套加工程序，会进行内孔车刀的安装和对刀，具有加工内孔并达到一定精度要求的能力，会对数控车床进行保养，能做好现场 6S 管理和 TPM 管理。

工艺知识：数控阶梯内孔车削加工流程、切削要素、切削用量。

刀具知识：内孔车刀类型。

测量知识：钢直尺、游标卡尺、样板、内径千分尺。

夹具知识：三爪卡盘。

编程知识：倒角指令 G01，G71，G70。

情境模块三 盘套类零件加工	姓名:	班级:
任务二 法兰盘加工	日期:	工作页评价:

任务二 > 法兰盘加工

任务导入

如图 1-9 所示，试编写法兰盘数控加工程序，毛坯：长度 40 mm，直径 80 mm。

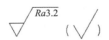

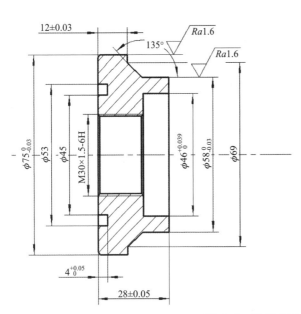

技术要求：
1. 未注公差尺寸按 GB/T 1804—m。
2. 锐角倒钝，未注倒角 C1。

图 1-9 法兰盘零件图

任务提示

一、任务描述

本车间获得一批阶梯法兰盘零件的加工任务，共 100 件，工期为 5 天。生产管理部门同技术人员与客户协商签订了加工合同。生产管理部门向车间下达加工该零件的任务单，工期为 5 天，任务完成后提交成品件及检验报告。车间管理部门将接收的该零件的任务单下达技术科，要求编程员制订加工工艺并提供手工编制的数控车削加工程序，经试加工后，将程序和样品提交车间，供数控车床操作工加工使用。

二、工作方法

（1）读图后分析问题，可以使用的材料有课本内容、刀具样本等。

（2）以小组讨论的形式完成工作计划。

（3）按照工作计划，完成加工工艺卡的填写、数控编程与加工任务。对于工作中出现的问题，尽量自行解决，如无法解决再与培训教师进行讨论。

（4）培训过程中与培训教师讨论，进行工作总结。

三、工作内容

（1）分析零件图样，拟定工作路线。

（2）刀、量、夹具及加工参数选择。

（3）节点坐标计算。

（4）数控编程与调试。

（5）零件加工与检测。

（6）工具、设备、现场 6S 和 TPM 管理。

四、工具

（1）塑胶锤子。

（2）游标卡尺。

（3）百分表及表座。

（4）表面粗糙度样板。

（5）数控外圆车刀。

（6）数控内孔车刀。

（7）数控内孔螺纹车刀。

（8）端面槽车刀。

五、知识储备

（1）数控车内孔加工工艺。

（2）数控车内螺纹加工工艺。

（3）数控车内孔车刀的选用与使用。

（4）数控车内螺纹车刀的选用与使用。

（5）螺纹复合循环指令 G76。

六、注意事项与工作提示

（1）机床只能由一人操作，不可多人同时操作。

（2）穿实训鞋服、佩戴防护眼镜。

（3）加工时，工件必须夹紧。

（4）停机测量工件时，应将工件移出，避免人体被刀具误伤。

（5）配制切削液时，应戴防护手套，防止切削液对皮肤造成腐蚀性伤害。

（6）毛坯必须去毛刺。

七、劳动安全

（1）严格遵守车间安全标志的指示。

（2）工件去毛刺，避免划伤。

八、环境保护

（1）不可随意倾倒切削液，应遵从实训中心 6S 管理规定进行处理。

（2）切屑应放置在指定废弃处。

工作过程

一、信息

（1）列出法兰盘的技术要求和尺寸要求并分析在加工过程中怎样保证尺寸。

（2）加工本零件所需的毛坯有什么特点？画出毛坯图。

（3）列出端面槽的类型有哪些。

（4）自己收集资料并查询相似零件的编程案例，分析加工工艺和加工程序，供编程参考。

（5）讨论、分析，确定本零件的数控加工工艺（加工工序、加工基准、加工部位和刀具路径等），并估算加工时间和加工成本。

二、计划

小组讨论后，完成小组成员分工表（见表1-51）和工作计划流程表（见表1-52）。

表1-51　小组成员分工表

成员姓名	职务	小组中的任务分工	备注

表1-52　工作计划流程表

序号	工作内容	工作时间 / 分钟	执行人
1			
2			
3			
4			
5			

三、决策

完成工、量、刃、辅具及材料表（见表 1-53）和数控加工工序卡（见表 1-54）。

表 1-53　工、量、刃、辅具及材料表

种类	序号	名称	规格	精度	数量	备注
工具						
量具						
刃具						
辅具						
材料						

表 1-54　数控加工工序卡

数控加工工序卡				产品型号		零件图号			
				产品名称		零件名称			
材料牌号		毛坯种类		毛坯外形尺寸		备注			
工序号	工序名称	设备名称	设备型号	程序编号	夹具代号	夹具名称		切削液	车间
工步号	工步内容	刀具号	刀具	量具	主轴转速/r·min⁻¹	切削速度/m·min⁻¹	进给速度/mm·min⁻¹	背吃刀量/mm	备注
编制		审核		批准				共　页	第　页

四、实施

（1）填写数控加工程序清单（见表 1-55，可附页）。

表 1-55 数控加工程序清单

数控加工程序清单		组别	学号	姓名
模块名称	使用设备	成绩		
零件图号	数控系统			
程序名		子程序名		
				说明

（2）记录仿真和实际加工实施过程中出现的与决策结果不一致的情况和出现异常的情况。

原计划：　　　　　　　　　实际计划：

五、检查

学生和教师分别用量具或者量规检查已经加工好的零件或部件，评价是否达到要求的质量特征值，并分别把学生自评和教师检查的分值结果填入"工件质量及职业行为与素养过程评分表"（见表 1-56）中的"学生自评"和"教师检查"栏。

重要说明：

（1）当学生的评分和教师的评分一致时，得分为教师评分；当教师检查的实际尺寸与学生测量的实际尺寸不同时，以教师的测量结果为准。

（2）学生测得的实际尺寸在检测报告的评价中不予考虑，仅供学生自我反思。

（3）灰底处由教师填写。

六、评价

根据实训场地的安全文明操作规范和 6S 管理规范，评价自己在任务实施过程中是否遵守相关要求，并把违规和得分情况填入"工件质量及职业行为与素养过程评分表"

中。将任务总成绩填入表 1-57 中。

重要说明：

（1）学生自评本人在任务实施过程中的职业行为与素养，总分 100 分。非重大失误，每次扣 2 分；重大失误每次扣 5 分，并对扣分原因做简要说明。

（2）教师根据学生的自评进行检查，"教师检查"栏中如情况属实打√，情况不属实打 ×，如果打 "×" 该项不得分。

（3）灰底处由教师填写。

表 1-56　工件质量及职业行为与素养过程评分表

序号	项目		评分标准	配分	学生自评	教师检查	得分	整改意见
1	轮廓形状		错一处扣 5 分	10				
2	直径		每超差一处扣 10 分	30				
3	长度		每超差一处扣 10 分	30				
4	螺纹		每超差一处扣 5 分	10				
5	外观	表面粗糙度	增大一级扣 1 分	5				
		倒角、倒锐	每超差一处扣 2 分	10				
		有无损伤	有损伤不得分	5				
工件质量总分 =								
1	安全文明操作及 6S 管理规范（共 75 分）		工具、量具混放扣 2 分	10				
2			量具掉地上每次扣 2 分	10				
3			量具测量方法不对扣 2 分	5				
4			未填写 6S 管理点检表扣 5 分	10				
5			未穿工作服扣 5 分	10				
6			工作服穿戴不整齐、不规范扣 2 分	10				
7			工具、量具摆放不整齐每次扣 2 分	5				
8			操作工位旁不整洁每次扣 2 分	5				

续表

序号	项目	评分标准	配分	学生自评	教师检查	得分	整改意见
9	安全文明操作及6S管理规范（共75分）	操作时发生安全小事故扣5分	10				
10	否决项，违反其中一项，职业行为与素养0分处理	不服从实训安排					
11		严重违反安全与文明生产规程					
12		违反设备操作规程					
13		发生重大事故					
14	TPM管理（共25分）	TPM管理点检表填写不完全每处扣2分	10				
15		TPM管理执行（扣5-3-0三个等次）	5				
16		未填写TPM点检表	10				
			职业行为与素养得分=				

表1-57 任务总成绩计算

序号	各部分成绩	权重	中间成绩
1	零件自评检测	0.4	
2	职业行为与素养	0.3	
3	工作页评价	0.3	
		总成绩：	

总结与提高

（1）描述本次任务的内容。

（2）总结收获和体会（学到了哪些知识，在工作过程中犯了哪些错误，怎么解决的）。

（3）思考题。

①车端面、窄槽时应注意哪些问题？

②在检测过程中，发现法兰盘内孔螺纹尺寸不正确，请分析产生的原因，列出修正措施。

③对于法兰盘零件加工操作，你有哪些不清楚的地方？你认为自己在哪些方面需要改进？

任务小结

本次任务的**知识目标**主要是掌握制订法兰盘加工工艺的方法，掌握选择内孔螺纹车刀的知识及切削参数的选择；掌握端面槽切削工艺和程序编制方法；掌握端面槽刀对刀操作。**能力目标**主要是会安排法兰盘零件的走刀路线，会编写法兰盘加工程序，会正确安装端面槽车刀和对刀，会测量端面槽的相关尺寸，会加工法兰盘零件并达到一定的精度要求；会对数控车床进行保养，能做好现场 6S 管理和 TPM 管理。

工艺知识：数控阶梯内螺纹车削加工流程、切削要素、切削用量。

刀具知识：端面槽刀类型。

测量知识：钢直尺、游标卡尺、样板、内径千分尺。

夹具知识：三爪卡盘。

编程知识：螺纹复合循环指令 G76。

情境模块四　零件综合加工	姓名：	班级：
任务一　中级工加工练习	日期：	工作页评价：

情境模块四　零件综合加工

任务一 〉　中级工加工练习

任务导入

如图 1-10 所示，试分析其加工工艺并编写数控加工程序。毛坯：长度 110 mm，直径 40 mm。

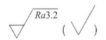

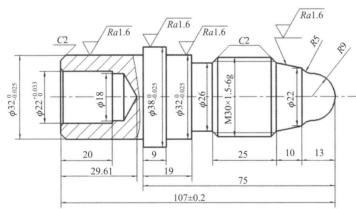

技术要求：
1. 未注公差尺寸按 GB/T 1804—m。
2. 锐边倒角 C1。
3. 不允许使用砂布、锉刀等修饰加工面。

图 1-10　零件图

任务提示

一、任务描述

作为一名机电一体化专业的学生，需要通过数控车削中级工的考试，在数控车削编程与操作课程快要接近尾声的时候，老师出了一道中级试题作为中级工的测试题，请完成整个任务。

二、工作方法

（1）读图后分析问题，可以使用的材料有课本内容、刀具样本等。

（2）以小组讨论的形式完成工作计划。

（3）按照工作计划，完成加工工艺卡的填写、数控编程与加工任务。对于工作中出现的问题，尽量自行解决，如无法解决再与培训教师进行讨论。

（4）培训过程中与培训教师讨论，进行工作总结。

三、工作内容

（1）分析零件图样，拟定工作路线。

（2）刀、量、夹具及加工参数选择。

（3）节点坐标计算。

（4）数控编程与调试。

（5）零件加工与检测。

（6）工具、设备、现场 6S 和 TPM 管理。

四、工具

（1）塑胶锤子。

（2）千分尺。

（3）百分表及表座。

（4）表面粗糙度样板。

（5）数控外圆车刀。

（6）数控内孔车刀。

（7）数控螺纹车刀。

（8）切槽刀。

（9）钻头。

五、知识储备

（1）数控车内孔加工工艺。

（2）数控车外螺纹加工工艺。

（3）数控车内孔车刀的选用与使用。

（4）数控车外螺纹车刀的选用与使用。

（5）轴向粗车切削循环指令 G71 和精加工循环指令 G70。

（6）螺纹切削单一循环指令 G92。

六、注意事项与工作提示

（1）机床只能由一人操作，不可多人同时操作。

（2）穿实训鞋服、佩戴防护眼镜。

（3）加工时，工件必须夹紧。

（4）停机测量工件时，应将工件移出，避免人体被刀具误伤。

（5）配制切削液时，应戴防护手套，防止切削液对皮肤造成腐蚀性伤害。

（6）毛坯必须去毛刺。

七、劳动安全

（1）严格遵守车间安全标志的指示。

（2）工件去毛刺，避免划伤。

八、环境保护

（1）不可随意倾倒切削液，应遵从实训中心 6S 管理规定进行处理。

（2）切屑应放置在指定废弃处。

工作过程

一、信息

自己收集资料并查询相似零件的编程案例，分析加工工艺和加工程序，供编程参考。

二、计划

小组讨论后，完成小组成员分工表（见表 1-58）和工作计划流程表（见表 1-59）。

表 1-58　小组成员分工表

成员姓名	职务	小组中的任务分工	备注

续表

成员姓名	职务	小组中的任务分工	备注

表 1-59 工作计划流程表

序号	工作内容	工作时间 / 分钟	执行人
1			
2			
3			
4			
5			

三、决策

完成工、量、刃、辅具及材料表（见表 1-60）和数控加工工序卡（见表 1-61）的填写。

表 1-60 工、量、刃、辅具及材料表

种类	序号	名称	规格	精度	数量	备注
工具						
量具						

续表

种类	序号	名称	规格	精度	数量	备注
刃具						
辅具						
材料						

表 1-61　数控加工工序卡

数控加工工序卡		产品型号		零件图号	
		产品名称		零件名称	
材料牌号		毛坯种类	毛坯外形尺寸	备注	
工序号	工序名称	设备名称	设备型号	程序编号	夹具代号	夹具名称	切削液	车间
工步号	工步内容	刀具号	刀具	量具	主轴转转 /r·min^{-1}	切削速度 /m·min^{-1}	进给速度 /mm·min^{-1}	背吃刀量 /mm	备注

续表

工步号	工步内容	刀具号	刀具	量具	主轴转速 /r·min⁻¹	切削速度 /m·min⁻¹	进给速度 /mm·min⁻¹	背吃刀量 /mm	备注
编制			审核		批准			共　页	第　页

四、实施

（1）填写数控加工程序清单（见表 1-62，可附页）。

表 1-62　数控加工程序清单

数控加工程序清单		组别	学号	姓名
模块名称	使用设备	成绩		
零件图号	数控系统			
程序名		子程序名		
				说明

（2）记录仿真和实际加工实施过程中出现的与决策结果不一致的情况和出现异常的情况。

原计划：　　　　　　　　实际计划：

五、检查

学生和教师分别用量具或者量规检查已经加工好的零件或部件，评价是否达到要求的质量特征值，并分别把学生自评和教师检查的分值结果填入"工件质量及职业行为与素养过程评分表"（见表1-63）中的"学生自评"和"教师检查"栏。

重要说明：

（1）当学生的评分和教师的评分一致时，得分为教师评分；当教师检查的实际尺寸与学生测量的实际尺寸不同时，以教师的测量结果为准。

（2）学生测得的实际尺寸在检测报告的评价中不予考虑，仅供学生自我反思。

（3）灰底处由教师填写。

六、评价

根据实训场地的安全文明操作规范和6S管理规范，评价自己在任务实施过程中是否遵守相关要求，并把违规和得分情况填入"工件质量及职业行为与素养过程评分表"中。将任务总成绩填入表1-64中。

重要说明：

（1）学生自评本人在任务实施过程中的职业行为与素养，总分100分。非重大失误，每次扣2分；重大失误每次扣5分，并对扣分原因做简要说明。

（2）教师根据学生的自评进行检查，"教师检查"栏中如情况属实打√，情况不属实打×，如果打"×"该项不得分。

（3）灰底处由教师填写。

表1-63　工件质量及职业行为与素养过程评分表

序号	项目	评分标准	配分	学生自评	教师检查	得分	整改意见
1	轮廓形状	错一处扣5分	10				
2	直径	每超差一处扣10分	20				
3	长度	每超差一处扣10分	30				
4	圆弧	超差不得分	10				

续表

序号	项目		评分标准	配分	学生自评	教师检查	得分	整改意见
5	螺纹		超差一处扣5分	10				
6	外观	表面粗糙度	增大一级扣1分	5				
		倒角、倒锐	每超差一处扣2分	10				
		有无损伤	有损伤不得分	5				
			工件质量总分 =					
1	安全文明操作及6S管理规范（共75分）		工具、量具混放扣2分	10				
2			量具掉地上每次扣2分	10				
3			量具测量方法不对扣2分	5				
4			未填写6S管理点检表扣5分	10				
5			未穿工作服扣5分	10				
6			工作服穿戴不整齐、不规范扣2分	10				
7			工具、量具摆放不整齐每次扣2分	5				
8			操作工位旁不整洁每次扣2分	5				
9			操作时发生安全小事故扣5分	10				
10	否决项，违反其中一项，职业行为与素养0分处理		不服从实训安排					
11			严重违反安全与文明生产规程					
12			违反设备操作规程					
13			发生重大事故					
14	TPM管理（共25分）		TPM管理点检表填写不完全每处扣2分	10				
15			TPM管理执行（扣5-3-0三个等次）	5				

续表

序号	项目	评分标准	配分	学生自评	教师检查	得分	整改意见
16	TPM 管理（共 25 分）	未填写 TPM 点检表	10				
			职业行为与素养得分 =				

表 1-64　任务总成绩计算

序号	各部分成绩	权重	中间成绩
1	零件自评检测	0.4	
2	职业行为与素养	0.3	
3	工作页评价	0.3	
		总成绩：	

总结与提高

（1）描述本次任务的内容。思考自己设计的加工工艺和所编程序能否进一步优化。如果可以，应该怎样优化？

（2）总结收获和体会（学到了哪些知识，在工作过程中犯了哪些错误，怎么解决的）。

（3）思考题。
①你采用了哪种工艺路线加工零件？你是通过什么方法保证加工尺寸的？

②你觉得自己在哪些方面没有做好？如果重新做，你会如何改进？在后面的任务中你将注意哪些问题？

③对于本次任务，有关中级工零件的工艺安排和加工操作，你能写出哪些技术要点？主要的技术难点在哪里？

📋 **任务小结**

本次任务的**知识目标**主要是能够读懂中等复杂车削类零件图，熟悉中等复杂车削类零件工艺制订、程序编写与零件加工方法；了解程序传输与加工过程，达到数控中级工要求。**能力目标**主要是会安排中等复杂零件的走刀路线，会编写加工程序，会正确安装端刀具和对刀，会用不同方法测量内孔尺寸是否合格，会加工中等复杂零件并达到一定的精度要求；会对数控车床进行保养，能做好现场 6S 管理和 TPM 管理，进行安全生产。

工艺知识：切削加工流程、切削要素、切削用量。

刀具知识：外圆车刀、内孔镗刀、切槽刀、螺纹车刀、钻头。

测量知识：外径千分尺、内径千分尺、表面粗糙度样板。

夹具知识：三爪卡盘。

编程知识：轴向粗车切削循环指令 G71 和精加工循环指令 G70、螺纹切削单一循环指令 G92。

情境模块四 零件综合加工	姓名：	班级：
任务二 高级工加工练习	日期：	工作页评价：

任务二 ＞ 高级工加工练习

📋 任务导入

如图 1-11 所示，试分析其加工工艺并编写其数控加工程序，毛坯：长度 85 mm，直径 40 mm。

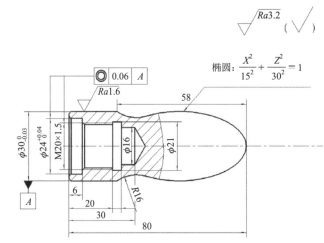

椭圆：$\dfrac{X^2}{15^2} + \dfrac{Z^2}{30^2} = 1$

技术要求：
1. 未注公差尺寸按 GB/T 1804—m。
2. 未注倒角 C1。
3. 不允许使用砂布、锉刀等修饰加工面。

图 1-11 零件图

📑 任务提示

一、任务描述

作为一名数控技术专业的学生，需要通过数控车高级工的考试，在数控车编程与操作课程快要接近尾声的时候，老师出了一道高级试题作为高级工的测试题，请完成整个任务。

二、工作方法

（1）读图后分析问题，可以使用的材料有课本内容、刀具样本等。

（2）以小组讨论的形式完成工作计划。

（3）按照工作计划，完成加工工艺卡的填写、数控编程与加工任务。对于工作中出现的问题，尽量自行解决，如无法解决再与培训教师进行讨论。

（4）培训过程中与培训教师讨论，进行工作总结。

三、工作内容

（1）分析零件图样，拟定工作路线。

（2）刀、量、夹具及加工参数选择。

（3）节点坐标计算。

（4）数控编程与调试。

（5）零件加工与检测。

（6）工具、设备、现场 6S 和 TPM 管理。

四、工具

（1）塑胶锤子。

（2）千分尺。

（3）百分表及表座。

（4）表面粗糙度样板。

（5）数控外圆车刀。

（6）数控内孔车刀。

（7）数控内孔螺纹车刀。

（8）切槽刀。

（9）钻头。

五、知识储备

（1）数控车内孔加工工艺。

（2）数控车内螺纹加工工艺。

（3）数控车内孔车刀的选用与使用。

（4）宏程序编程。

六、注意事项与工作提示

（1）机床只能由一人操作，不可多人同时操作。

（2）穿实训鞋服、佩戴防护眼镜。

（3）加工时，工件必须夹紧。

（4）停机测量工件时，应将工件移出，避免人体被刀具误伤。

（5）配制切削液时，应戴防护手套，防止切削液对皮肤造成腐蚀性伤害。

（6）毛坯必须去毛刺。

七、劳动安全

（1）严格遵守车间安全标志的指示。

（2）工件去毛刺，避免划伤。

八、环境保护

（1）不可随意倾倒切削液，应遵从实训中心 6S 管理规定进行处理。

（2）切屑应放置在指定废弃处。

工作过程

一、信息

自己收集资料并查询相似零件的编程案例，分析加工工艺和加工程序，供编程参考。

二、计划

小组讨论后，完成小组成员分工表（见表 1-65）和工作计划流程表（见表 1-66）。

表 1-65　小组成员分工表

成员姓名	职务	小组中的任务分工	备注

表 1-66　工作计划流程表

序号	工作内容	工作时间 / 分钟	执行人
1			
2			
3			
4			
5			

三、决策

完成工、量、刃、辅具及材料表（见表 1-67）和数控加工工序卡（见表 1-68）。

表 1-67　工、量、刃、辅具及材料表

种类	序号	名称	规格	精度	数量	备注
工具						
量具						
刃具						

续表

种类	序号	名称	规格	精度	数量	备注
辅具						
材料						

表 1-68　数控加工工序卡

数控加工工序卡			产品型号		零件图号	
			产品名称		零件名称	
材料牌号		毛坯种类	毛坯外形尺寸		备注	
工序号	工序名称	设备名称	设备型号	程序编号	夹具代号	夹具名称	切削液	车间

工步号	工步内容	刀具号	刀具	量具	主轴转速 /r·min⁻¹	切削速度 /m·min⁻¹	进给速度 /mm·min⁻¹	背吃刀量 /mm	备注

续表

工步号	工步内容	刀具号	刀具	量具	主轴转速 /r·min⁻¹	切削速度 /m·min⁻¹	进给速度 /mm·min⁻¹	背吃刀量 /mm	备注
编制			审核		批准			共 页	第 页

四、实施

（1）写出数控加工程序清单（见表1-69，可附页）。

表1-69 数控加工程序清单

数控加工程序清单			组别	学号	姓名
模块名称		使用设备		成绩	
零件图号		数控系统			
程序名		子程序名			
				说明	

（2）记录仿真和实际加工实施过程中出现的与决策结果不一致的情况和出现异常的情况。

原计划：　　　　　　　　实际计划：

五、检查

学生和教师分别用量具或者量规检查已经加工好的零件或部件，评价是否达到要求的质量特征值，并分别把学生自评和教师检查的分值结果填入"工件质量及职业行为与素养过程评分表"（见表1-70）中的"学生自评"和"教师检查"栏。

重要说明：

（1）当学生的评分和教师的评分一致时，得分为教师评分；当教师检查的实际尺寸与学生测量的实际尺寸不同时，以教师的测量结果为准。

（2）学生测得的实际尺寸在检测报告的评价中不予考虑，仅供学生自我反思。

（3）灰底处由教师填写。

六、评价

根据实训场地的安全文明操作规范和6S管理规范，评价自己在任务实施过程中是否遵守相关要求，并把违规和得分情况填入"工件质量及职业行为与素养过程评分表"中。将任务总成绩填入表1-71中。

重要说明：

（1）学生自评本人在任务实施过程中的职业行为与素养，总分100分。非重大失误，每次扣2分；重大失误每次扣5分，并对扣分原因做简要说明。

（2）教师根据学生的自评进行检查，"教师检查"栏中如情况属实打√，情况不属实打×，如果打"×"该项不得分。

（3）灰底处由教师填写。

表1-70　工件质量及职业行为与素养过程评分表

序号	项目	评分标准	配分	学生自评	教师检查	得分	整改意见
1	轮廓形状	错一处扣5分	5				
2	直径	每超差一处扣10分	25				
3	长度	每超差一处扣10分	30				

序号	项目		评分标准	配分	学生自评	教师检查	得分	整改意见
4	圆弧		超差不得分	10				
5	螺纹		超差一处扣5分	10				
6	外观	表面粗糙度	增大一级扣1分	5				
		倒角、倒锐	每超差一处扣2分	10				
		有无损伤	有损伤不得分	5				
			工件质量总分 =					
1	安全文明操作及6S管理规范（共75分）		工具、量具混放扣2分	10				
2			量具掉地上每次扣2分	10				
3			量具测量方法不对扣2分	5				
4			未填写6S管理点检表扣5分	10				
5			未穿工作服扣5分	10				
6			工作服穿戴不整齐、不规范扣2分	10				
7			工具、量具摆放不整齐每次扣2分	5				
8			操作工位旁不整洁每次扣2分	5				
9			操作时发生安全小事故扣5分	10				
10	否决项，违反其中一项，职业行为与素养0分处理		不服从实训安排					
11			严重违反安全与文明生产规程					
12			违反设备操作规程					
13			发生重大事故					
14	TPM管理（共25分）		TPM管理点检表填写不完全每处扣2分	10				

续表

序号	项目	评分标准	配分	学生自评	教师检查	得分	整改意见
15	TPM 管理（共 25 分）	TPM 管理执行（扣 5-3-0 三个等次）	5				
16		未填写 TPM 点检表	10				
			职业行为与素养得分 =				

表 1-71　任务总成绩计算

序号	各部分成绩	权重	中间成绩
1	零件自评检测	0.4	
2	职业行为与素养	0.3	
3	工作页评价	0.3	
		总成绩：	

总结与提高

（1）本次任务主要使用宏程序语言进行程序编写，请你总结一下在使用宏程序语言编写的过程中，你遇到的难题是什么，又是怎样解决的。

（2）总结收获和体会（学到了哪些知识，在工作过程中犯了哪些错误，怎么解决的）。

（3）思考题

①你采用了哪种工艺路线加工零件？你是通过什么方法保证加工尺寸的？

②你觉得自己在哪些方面没有做好？如果重新做，你会如何改进？在后面的任务中你将注意哪些问题？

③对于本次任务，有关高级工零件的工艺安排和加工操作，你能写出哪些技术要点？主要的技术难点在哪里？

📋 **任务小结**

本次任务的**知识目标**主要是掌握较复杂车削类零件工艺制订、程序编写与零件加工方法；掌握用宏程序编写椭圆弧的加工方法，达到数控高级工的基本要求。**能力目标**主要是会安排较复杂零件的走刀路线；会用宏程序编写加工程序，会正确安装刀具和对刀；会测量内螺纹尺寸是否合格；会加工较复杂零件并达到一定的精度要求；会对数控车床进行保养；能做好现场 6S 管理和 TPM 管理，进行安全生产。

工艺知识：切削加工流程、切削要素、切削用量。

刀具知识：外圆车刀、内孔镗刀、切槽刀、螺纹车刀、钻头。

测量知识：内螺纹千分尺。

夹具知识：三爪卡盘。

编程知识：宏程序编程。

情境模块四　零件综合加工	姓名：	班级：
任务三　技师加工练习	日期：	工作页评价：

任务三＞　技师加工练习

任务导入

如图 1-12 所示，试分析其加工工艺并编写其数控加工程序，毛坯 1：长度 145 mm，直径 55 mm，毛坯 2：长度 75 mm，直径 55 mm。

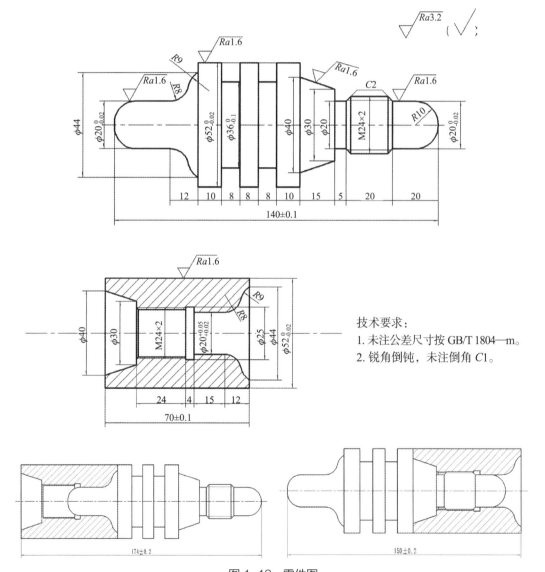

图 1-12　零件图

任务提示

一、任务描述

作为一名数控技术专业的学生，国家职业标准对数控车工技师在数控编程和零件加工的要求有多高呢？同学们可以通过本次任务，体验一下数控车工技师较高难度的任务，祝大家顺利完成。

二、工作方法

（1）读图后分析问题，可以使用的材料有课本内容、刀具样本等。

（2）以小组讨论的形式完成工作计划。

（3）按照工作计划，完成加工工艺卡的填写、数控编程与加工任务。对于工作中出现的问题，尽量自行解决，如无法解决再与培训教师进行讨论。

（4）培训过程中与培训教师讨论，进行工作总结。

三、工作内容

（1）分析零件图样，拟定工作路线。

（2）刀、量、夹具及加工参数选择。

（3）节点坐标计算。

（4）数控编程与调试。

（5）零件加工与检测。

（6）工具、设备、现场 6S 和 TPM 管理。

四、工具

（1）塑胶锤子。

（2）千分尺。

（3）百分表及表座。

（4）表面粗糙度样板。

（5）数控外圆车刀。

（6）数控内孔车刀。

（7）数控螺纹车刀。

（8）切槽刀。

（9）钻头。

五、知识储备

（1）圆锥位置尺寸的计算方法。

（2）配合件加工工艺安排。

（3）尺寸链结算方法。

六、注意事项与工作提示

（1）机床只能由一人操作，不可多人同时操作。

（2）穿实训鞋服、佩戴防护眼镜。

（3）加工时，工件必须夹紧。

（4）停机测量工件时，应将工件移出，避免人体被刀具误伤。

（5）配制切削液时，应戴防护手套，防止切削液对皮肤造成腐蚀性伤害。

（6）毛坯必须去毛刺。

七、劳动安全

（1）严格遵守车间安全标志的指示。

（2）工件去毛刺，避免划伤。

八、环境保护

（1）不可随意倾倒切削液，应遵从实训中心 6S 管理规定进行处理。

（2）切屑应放置在指定废弃处。

 工作过程

一、信息

自己收集资料并查询相似零件的编程案例，分析加工工艺和加工程序，供编程参考。

二、计划

小组讨论后，完成小组成员分工表（见表1-72）和工作计划流程表（见表1-73）。

表1-72　小组成员分工表

成员姓名	职务	小组中的任务分工	备注

表1-73　工作计划流程表

序号	工作内容	工作时间/分钟	执行人
1			
2			
3			
4			
5			

三、决策

完成工、量、刃、辅具及材料表（见表1-74）和数控加工工序卡（见表1-75）。

表1-74　工、量、刃、辅具及材料表

种类	序号	名称	规格	精度	数量	备注
工具						
量具						

续表

种类	序号	名称	规格	精度	数量	备注
量具						
刃具						
辅具						
材料						

表 1-75　数控加工工序卡

数控加工工序卡				产品型号		零件图号	
				产品名称		零件名称	
材料牌号		毛坯种类		毛坯外形尺寸		备注	
工序号	工序名称	设备名称	设备型号	程序编号	夹具代号	夹具名称	切削液	车间

工步号	工步内容	刀具号	刀具	量具	主轴转速 /r·min⁻¹	切削速度 /m·min⁻¹	进给速度 /mm·min⁻¹	背吃刀量 /mm	备注
编制		审核		批准				共　页	第　页

四、实施

（1）写出数控加工程序清单（见表 1-76，可附页）。

表 1-76　数控加工程序清单

数控加工程序清单		组别	学号	姓名
模块名称		使用设备		成绩
零件图号		数控系统		
程序名		子程序名		
			说明	

（2）记录仿真和实际加工实施过程中出现的与决策结果不一致的情况和出现异常的情况。

原计划：　　　　　　　　　实际计划：

五、检查

学生和教师分别用量具或者量规检查已经加工好的零件或部件，评价是否达到要求的质量特征值，并分别把学生自评和教师检查的分值结果填入"工件质量及职业行为与素养过程评分表"（见表1-77）中的"学生自评"和"教师检查"栏。

重要说明：

（1）当学生的评分和教师的评分一致时，得分为教师评分；当教师检查的实际尺寸与学生测量的实际尺寸不同时，以教师的测量结果为准。

（2）学生测得的实际尺寸在检测报告的评价中不予考虑，仅供学生自我反思。

（3）灰底处由教师填写。

六、评价

根据实训场地的安全文明操作规范和6S管理规范，评价自己在任务实施过程中是否遵守相关要求，并把违规和得分情况填入"工件质量及职业行为与素养过程评分表"中。将任务总成绩填入表1-78中。

重要说明：

（1）学生自评本人在任务实施过程中的职业行为与素养，总分100分。非重大失误，每次扣2分；重大失误每次扣5分，并对扣分原因做简要说明。

（2）教师根据学生的自评进行检查，"教师检查"栏中如情况属实打√，情况不属实打×，如果打"×"该项不得分。

（3）灰底处由教师填写。

表1-77　工件质量及职业行为与素养过程评分表

序号	项目	评分标准	配分	学生自评	教师检查	得分	整改意见
1	轮廓形状	错一处扣5分	5				
2	直径	每超差一处扣10分	25				
3	长度	每超差一处扣10分	30				
4	圆弧	超差不得分	10				

序号	项目		评分标准	配分	学生自评	教师检查	得分	整改意见
5	螺纹		超差一处扣 5 分	10				
6	外观	表面粗糙度	增大一级扣 1 分	5				
		倒角、倒锐	每超差一处扣 2 分	10				
		有无损伤	有损伤不得分	5				
			工件质量总分 =					
1	安全文明操作及 6S 管理规范（共 75 分）		工具、量具混放扣 2 分	10				
2			量具掉地上每次扣 2 分	10				
3			量具测量方法不对扣 2 分	5				
4			未填写 6S 管理点检表扣 5 分	10				
5			未穿工作服扣 5 分	10				
6			工作服穿戴不整齐、不规范扣 2 分	10				
7			工具、量具摆放不整齐每次扣 2 分	5				
8			操作工位旁不整洁每次扣 2 分	5				
9	安全文明操作及 6S 管理规范（共 75 分）		操作时发生安全小事故扣 5 分	10				
10	否决项，违反其中一项，职业行为与素养 0 分处理		不服从实训安排					
11			严重违反安全与文明生产规程					
12			违反设备操作规程					
13			发生重大事故					
14	TPM 管理（共 25 分）		TPM 管理点检表填写不完全每处扣 2 分	10				

续表

序号	项目	评分标准	配分	学生自评	教师检查	得分	整改意见
15	TPM 管理（共 25 分）	TPM 管理执行（扣 5-3-0 三个等次）	5				
16		未填写 TPM 点检表	10				
				职业行为与素养得分 =			

表 1-78　任务总成绩计算

序号	各部分成绩	权重	中间成绩
1	零件自评检测	0.4	
2	职业行为与素养	0.3	
3	工作页评价	0.3	
		总成绩：	

总结与提高

（1）描述本次任务的内容。思考自己设计的加工工艺和所编程序能否进一步优化。如果可以，应该怎样优化。

（2）总结收获和体会（学到了哪些知识，在工作过程中犯了哪些错误，怎么解决的）。

（3）思考题。

①本次任务是一个配合件加工，加工难度很大，你是通过什么方法保证加工精度的？

②你觉得自己在哪些方面没有做好？如果重新做，你会如何改进？在后面的任务中你将注意哪些问题？

③对于本次任务，有关技师零件的工艺安排和加工操作，你能写出哪些技术要点？主要的技术难点在哪里？你又是怎么解决技术难点的？

📋 **任务小结**

本次任务的**知识目标**主要是掌握制订复杂配合件加工工艺的方法，并且对加工工艺方案的合理性进行分析；掌握选用切削刀具的原则；掌握使用计算机自动编程的方法。**能力目标**主要是会进行两件具有多处尺寸链配合的零件加工与配合；能根据测量结果对加工误差进行分析并提出改进措施；会对数控车床进行保养，能做好现场 6S 管理和 TPM 管理。

工艺知识：配合件加工工艺。

刀具知识：刀具的正确选用。

测量知识：精密零件的测量方法。

夹具知识：三爪卡盘。

编程知识：计算机自动编程。

情境模块四 零件综合加工	姓名：	班级：
任务四 技能大赛加工练习	日期：	工作页评价：

任务四 〉 技能大赛加工练习

📋 **任务导入**

如图 1-13 所示，试编写配合件数控加工程序，毛坯 1：长度 120 mm，直径 65 mm。毛坯 2：长度 60 mm，直径 65 mm。

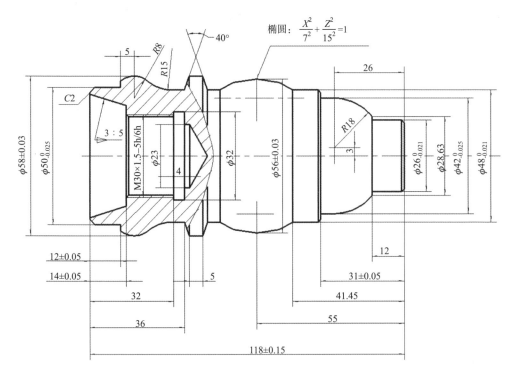

椭圆：$\dfrac{X^2}{7^2} + \dfrac{Z^2}{15^2} = 1$

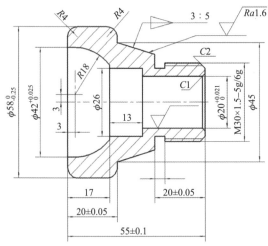

技术要求：
1. 未注公差尺寸按 GB/T 1804—m。
2. 锐角倒钝，未注倒角 C1。

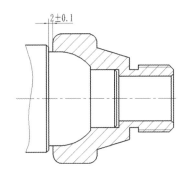

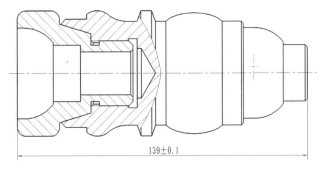

图 1-13　零件图

　任务提示

一、任务描述

恭喜你，能做此任务说明你已经非常优秀了。你将代表学校参加省级数控车加工技能大赛，摆在你面前的将是一条困难重重的道路，你做好出发的准备了吗？不用担心，老师和同学将和你一起克服困难，争取为校争光。

二、工作方法

（1）读图后分析问题，可以使用的材料有课本内容、刀具样本等。

（2）以小组讨论的形式完成工作计划。

（3）按照工作计划，完成加工工艺卡的填写、数控编程与加工任务。对于工作中出现的问题，尽量自行解决，如无法解决再与培训教师进行讨论。

（4）培训过程中与培训教师讨论，进行工作总结。

三、工作内容

（1）分析零件图样，拟定工作路线。

（2）刀、量、夹具及加工参数选择。

（3）节点坐标计算。

（4）数控编程与调试。

（5）零件加工与检测。

（6）工具、设备、现场 6S 和 TPM 管理。

四、工具

（1）塑胶锤子。

（2）千分尺。

（3）百分表及表座。

（4）螺纹塞规。

（5）游标万能角度尺。

（6）塞尺。

（7）半径样板。

（8）内径量表。

（9）车刀、切槽刀、螺纹车刀等。

五、知识储备

（1）宏程序编程。

（2）配合件加工工艺安排。

（3）尺寸链计算方法。

（4）加工时间的合理安排方法。

（5）计算机自动编程。

六、注意事项与工作提示

（1）机床只能由一人操作，不可多人同时操作。

（2）穿实训鞋服、佩戴防护眼镜。

（3）加工时，工件必须夹紧。

（4）停机测量工件时，应将工件移出，避免人体被刀具误伤。

（5）配制切削液时，应戴防护手套，防止切削液对皮肤造成腐蚀性伤害。

（6）毛坯必须去毛刺。

七、劳动安全

（1）严格遵守车间安全标志的指示。

（2）工件去毛刺，避免划伤。

八、环境保护

（1）不可随意倾倒切削液，应遵从实训中心 6S 管理规定进行处理。

（2）切屑应放置在指定废弃处。

 工作过程

一、信息

自己收集资料并查询相似零件的编程案例，分析加工工艺和加工程序，供编程参考。

二、计划

小组讨论后，完成小组成员分工表（见表 1-79）和工作计划流程表（见表 1-80）。

表 1-79　小组成员分工表

成员姓名	职务	小组中的任务分工	备注

表 1-80　工作计划流程表

序号	工作内容	工作时间 / 分钟	执行人
1			
2			
3			
4			
5			

三、决策

完成工、量、刃、辅具及材料表（见表 1-81）和数控加工工序卡（见表 1-82）。

表 1-81　工、量、刃、辅具及材料表

种类	序号	名称	规格	精度	数量	备注
工具						
量具						
刃具						
辅具						
材料						

表 1-82　数控加工工序卡

数控加工工序卡				产品型号		零件图号		
				产品名称		零件名称		
材料牌号			毛坯种类	毛坯外形尺寸		备注		
工序号	工序名称	设备名称	设备型号	程序编号	夹具代号	夹具名称	切削液	车间
工步号	工步内容	刀具号	刀具	量具	主轴转速/r·min⁻¹	切削速度/m·min⁻¹	进给速度/mm·min⁻¹	背吃刀量/mm	备注
编制		审核		批准			共　页	第　页

四、实施

（1）写出数控加工程序清单（见表 1-83，可附页）。

表 1-83　数控加工程序清单

数控加工程序清单		组别	学号	姓名
模块名称	使用设备	成绩		
零件图号	数控系统			
程序名		子程序名		
				说明

（2）记录仿真和实际加工实施过程中出现的与决策结果不一致的情况和出现异常的情况。

原计划：　　　　　　　　　实际计划：

五、检查

学生和教师分别用量具或者量规检查已经加工好的零件或部件，评价是否达到要求的质量特征值，并分别把学生自评和教师检查的分值结果填入"工件质量及职业行为与素养过程评分表"（见表 1-84）中的"学生自评"和"教师检查"栏。

重要说明：

（1）当学生的评分和教师的评分一致时，得分为教师评分；当教师检查的实际尺寸与学生测量的实际尺寸不同时，以教师的测量结果为准。

（2）学生测得的实际尺寸在检测报告的评价中不予考虑，仅供学生自我反思。

（3）灰底处由教师填写。

六、评价

根据实训场地的安全文明操作规范和 6S 管理规范，评价自己在任务实施过程中是否遵守相关要求，并把违规和得分情况填入"工件质量及职业行为与素养过程评分表"中。将任务总成绩填入表 1-85 中。

重要说明：

（1）学生自评本人在任务实施过程中的职业行为与素养，总分 100 分。非重大失误，每次扣 2 分；重大失误每次扣 5 分，并对扣分原因做简要说明。

（2）教师根据学生的自评进行检查，"教师检查"栏中如情况属实打√，情况不属实打 ×，如果打"×"该项不得分。

（3）灰底处由教师填写。

表 1-84　工件质量及职业行为与素养过程评分表

序号	项目		评分标准	配分	学生自评	教师检查	得分	整改意见
1	轮廓形状		错一处扣 5 分	10				
2	直径		每超差一处扣 3 分	20				
3	长度		每超差一处扣 3 分	20				
4	圆弧		超差不得分	20				
5	螺纹		超差一处扣 5 分	10				
6	外观	表面粗糙度	增大一级扣 1 分	5				
		倒角、倒锐	每超差一处扣 2 分	10				
		有无损伤	有损伤不得分	5				
工件质量总分 =								
1	安全文明操作及 6S 管理规范（共 75 分）		工具、量具混放扣 2 分	10				
2			量具掉地上每次扣 2 分	10				
3			量具测量方法不对扣 2 分	5				
4			未填写 6S 管理点检表扣 5 分	10				
5			未穿工作服扣 5 分	10				
6			工作服穿戴不整齐、不规范扣 2 分	10				
7			工具、量具摆放不整齐每次扣 2 分	5				
8			操作工位旁不整洁每次扣 2 分	5				

续表

序号	项目	评分标准	配分	学生自评	教师检查	得分	整改意见
9	安全文明操作及6S管理规范（共75分）	操作时发生安全小事故扣5分	10				
10	否决项，违反其中一项，职业行为与素养0分处理	不服从实训安排					
11		严重违反安全与文明生产规程					
12		违反设备操作规程					
13		发生重大事故					
14	TPM管理（共25分）	TPM管理点检表填写不完全每处扣2分	10				
15		TPM管理执行（扣5-3-0三个等次）	5				
16		未填写TPM点检表	10				
				职业行为与素养得分＝			

表1-85　任务总成绩计算

序号	各部分成绩	权重	中间成绩
1	零件自评检测	0.4	
2	职业行为与素养	0.3	
3	工作页评价	0.3	
总成绩：			

总结与提高

（1）描述本次任务的内容，思考自己设计的加工工艺和所编程序能否进一步优化。如果可以，应该怎样优化？

（2）总结收获和体会（学到了哪些知识，在工作过程中犯了哪些错误，怎么解决的）。

（3）思考题。

①本次任务是一个配合件加工，加工难度很大，你是通过什么方法保证加工精度的？

②你觉得自己在哪些方面没有做好？如果重新做，你会如何改进？在后面的任务中你将注意哪些问题？

③对于本次任务，有关竞赛零件的工艺安排和加工操作，你能写出哪些技术要点？主要的技术难点在哪里？你又是怎么解决技术难点的？你是怎么保证在时间内完成加工的？

任务小结

本次任务的**知识目标**主要是掌握制订复杂配合件加工工艺的方法，并且对加工工艺方案的合理性进行分析；掌握选用切削刀具的原则；掌握使用计算机自动编程的方法。**能力目标**主要是会进行两件具有多处尺寸链配合的零件加工与配合；能根据测量结果对加工误差进行分析并提出改进措施；会对数控车床进行保养，能做好现场 6S 管理和 TPM 管理。

工艺知识：配合件加工工艺。

刀具知识：刀具的正确选用。

测量知识：量具的正确选用和测量方法。

夹具知识：三爪卡盘。

编程知识：计算机自动编程。

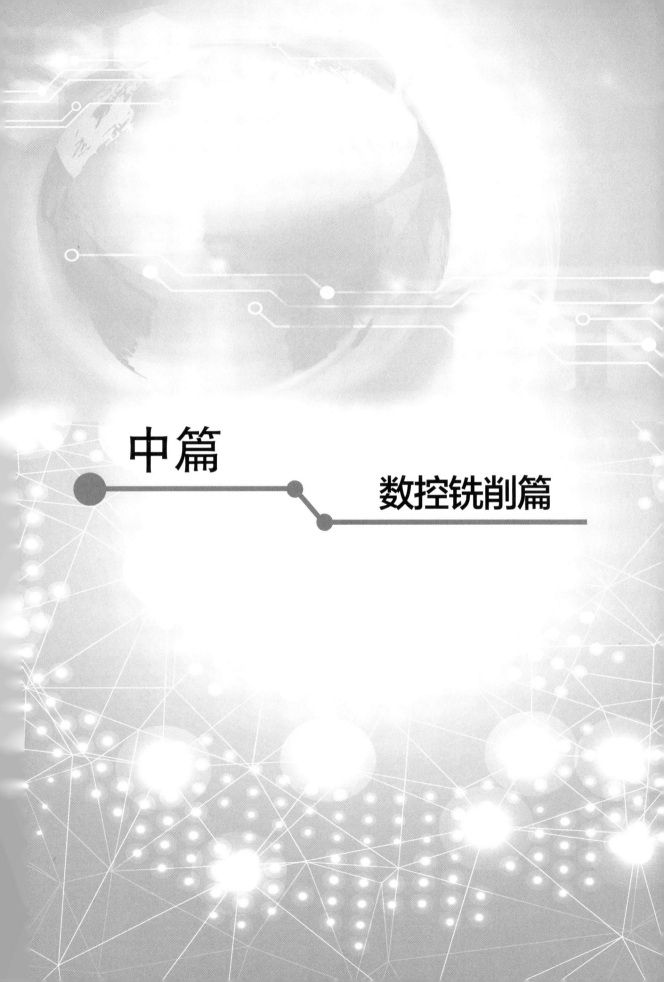

中篇

数控铣削篇

情境模块一 数控铣床的基本操作	姓名:		班级:
任务一 认识数控铣床	日期:		工作页评价:

情境模块一 数控铣床的基本操作

任务一 》 认识数控铣床

📄 任务描述

认识数控铣床的主要组成结构，区分不同类型的数控铣床。

◎ 任务目标

❶ 熟悉掌握数控铣床的基本结构。

❷ 了解数控铣床的种类、特点和应用场合。

❸ 能够正确识别各种类型的数控铣床。

❓ 引导问题

（1）数控铣床可以实现哪些加工方式？

（2）数控铣床可以铣削加工哪些类型的零件？

（3）按主轴位置可以把数控铣床分为哪几类？其特点是什么？

任务实施

（1）查找手册，观察如图 2-1 所示的数控铣床，说出数控铣床的类型。

图 2-1　数控铣床类型

（2）查找手册，观察如图 2-2 所示的数控铣床，并标注其主要结构的名称。

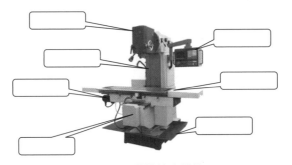

图 2-2　数控铣床结构

总结提高

（1）数控铣床由哪些部分组成？

（2）常见的数控铣床有哪些类型？分别有什么特点？

（3）在实施任务过程中，你获得了哪些知识和技能？

情境模块一 数控铣床的基本操作	姓名：		班级：
任务二 认识数控铣床的坐标系统	日期：		工作页评价：

任务二 认识数控铣床的坐标系统

📄 任务描述

判断数控铣床坐标轴的运动方向，正确设置工件坐标系。

◎ 任务目标

❶ 理解机床坐标系、工件坐标系的概念。

❷ 能够准确判断数控铣床各坐标轴的位置和方向。

❸ 能够正确设置工件坐标系。

❹ 能够理解对刀操作的意义。

❓ 引导问题

（1）什么是机床坐标系和机床原点？

（2）什么是右手笛卡尔坐标系？如何使用？

（3）什么是机床参考点？其作用是什么？

（4）什么是工件坐标系和工件原点？

任务实施

在图 2-3 所示的数控铣床上画出坐标轴的运动方向。

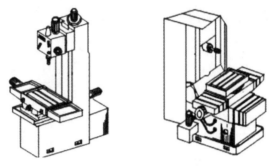

图 2-3　数控铣床运动方向

总结提高

（1）数控铣床 X、Y、Z 三坐标轴是如何判定的？

（2）工件原点位置的选择原则是什么？

（3）如何建立工件坐标系与机床坐标系之间的关系？

（4）在实施任务过程中，你获得了哪些知识和技能？

（5）当再次实施类似任务时，哪些问题需要改进，如何改进？

情境模块一　数控铣床的基本操作	姓名：	班级：
任务三　认识数控铣床的刀具	日期：	工作页评价：

任务三 〉 认识数控铣床的刀具

任务描述

认识数控铣床的常用刀具，完成常用刀具的装夹。

任务目标

❶ 能够识别数控铣床常用的刀具。

❷ 能够根据加工，正确选用刀具。

❸ 能够熟练安装刀具。

引导问题

（1）简述数控铣床常用刀具的用途，填入表 2-1 中。

表 2-1　刀具名称和用途

序号	刀具名称	用途
1	面铣刀	
2	立铣刀	
3	键槽铣刀	
4	镗铣刀	

（2）数控铣刀主要由哪几部分组成？

（3）刀具在装夹过程中需要用到哪些辅助安装工具？怎样使用？

任务实施

（1）写出图 2-4 所示的至少五种铣刀的名称，并说明该种铣刀适合加工的范围。

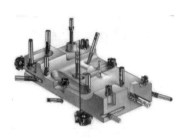

图 2-4　各类型铣刀加工图

（2）写出立铣刀或者锥柄麻花钻的装夹工具和装夹步骤，填入表 2-2。

表 2-2　装夹工具和装夹步骤

类别	名称和型号	数量	步骤	操作内容
刀具			1	
刀柄			2	
夹头			3	
拉钉			4	
辅具			5	

总结提高

（1）立铣刀和键槽铣刀有什么区别？各用在什么场合？请大概画出外形图。

（2）阐述面铣刀和立铣刀的选用原则。

（3）在实施任务过程中，你获得了哪些知识和技能？

情境模块一　数控铣床的基本操作	姓名：		班级：	
任务四　数控铣床的安全操作与维护保养	日期：		工作页评价：	

任务四 〉 数控铣床的安全操作与维护保养

📑 任务描述

参观数控实训车间，了解安全文明操作知识。学习数控铣床的基本操作、工件的装夹以及刀具的安装，并对机床进行日常维护与保养。

◎ 任务目标

❶ 了解数控铣床操作面板各功能键的作用。

❷ 掌握数控铣床的基本操作方法，培养文明操作的生产习惯。

❸ 能够正确在机床上装夹工件和刀具。

❹ 能够对数控铣床进行日常维护保养。

🗂 引导问题

（1）观察数控实训车间数控铣床的操作面板，写出操作面板由哪几部分组成。

（2）根据按键图标，将按键名称及功能填入表 2-3 中。

表 2-3　按键图标、名称和功能

序号	图标	名称	功能
1			
2			
3			
4			
5			

续表

序号	图标	名称	功能
6			
7			
8			
9			
10			

任务实施

（1）参观数控实训加工车间，学习文明操作知识，正确穿戴工作服、工作鞋、防护眼镜和工作帽。

（2）以个人为单位进行开机操作，记录操作步骤并填入表2-4。

表2-4　开机操作步骤

步骤	操作内容及方法

（3）练习回零操作，记录操作步骤并填入表2-5，注意机床不要超程。

表2-5　回零操作步骤

步骤	操作内容及方法

（4）进行手轮进给操作，记录操作步骤并填入表2-6，注意操作安全。

表2-6　手轮进给操作步骤

步骤	操作内容及方法

（5）使用平口虎钳进行工件装夹，记录操作步骤并填入表2-7，注意操作安全。

表2-7　工件装夹步骤

步骤	操作内容及方法

（6）将刀片安装到刀体上，再将刀体安装到主轴上，记录操作步骤并填入表2-8，注意操作安全。

表2-8　刀具安装步骤

步骤	操作内容及方法

（7）进行对刀操作，记录操作步骤并填入表2-9，注意操作安全。

表2-9　对刀操作步骤

步骤	操作内容及方法

总结提高

（1）当机床超程时，如何解除机床超程？

（2）使用平口虎钳装夹工件，如何保证工件装夹牢固并达到装夹精度？

（3）在实施任务过程中，你获得了哪些知识和技能？

（4）当再次实施类似任务时，哪些问题需要改进，如何改进？

情境模块二　轮廓零件加工

任务一　平面零件加工

任务导入

如图 2-5 所示，试编写铣削该零件上表面的数控加工程序，并进行加工。毛坯尺寸：80 mm × 80 mm × 22 mm，工件材料为硬铝。

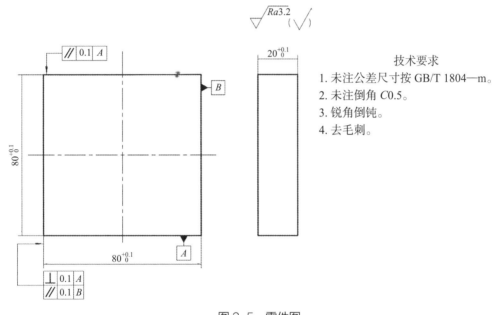

技术要求
1. 未注公差尺寸按 GB/T 1804—m。
2. 未注倒角 C0.5。
3. 锐角倒钝。
4. 去毛刺。

图 2-5　零件图

任务提示

一、任务描述

本车间需要加工一批长方体毛坯件的上表面，一共 30 件，工期为 1 天。生产管理部门同技术人员与客户协商签订了加工合同。生产管理部门向车间下达加工该零件的任务单，任务完成后提交成品件及检验报告。车间管理部门将接

收的该零件的任务单下达技术科，要求编程员制订加工工艺并提供手工编制的数控铣削加工程序，经试加工后，将程序和样品提交车间，供数控铣床操作工加工使用。

二、工作方法

（1）读图后分析问题，可以使用的材料

有课本内容、刀具样本等。

（2）以小组讨论的形式完成工作计划。

（3）按照工作计划，完成加工工艺卡的填写、数控编程与加工任务。对于工作中出现的问题，尽量自行解决，如无法解决再与培训教师进行讨论。

（4）培训过程中与培训教师讨论，进行工作总结。

三、工作内容

（1）分析零件图样，拟定工艺路线。

（2）刀、量、夹具及加工参数选择。

（3）节点坐标计算。

（4）数控编程与调试。

（5）零件加工与检测。

（6）工具、设备、现场 6S 和 TPM 管理。

四、工具

（1）平口钳。

（2）扳手。

（3）塑胶锤子。

（4）游标卡尺。

（5）百分表及表座。

（6）表面粗糙度样板。

（7）立铣刀。

五、知识储备

（1）数控铣削加工流程。

（2）切削要素。

（3）切削用量。

（4）刀具类型。

（5）游标卡尺。

（6）平口钳。

（7）坐标系（机床坐标系、编程坐标系）。

（8）工件坐标系指令 G54~G59。

（9）节点计算。

（10）进给指令 F。

（11）主轴转速指令 S。

（12）换刀指令 T。

（13）进给量单位选择。

（14）公制 / 英制编程。

（15）快速定位指令 G00。

（16）直线插补指令 G01。

六、注意事项与工作提示

（1）机床只能由一人操作，不可多人同时操作。

（2）穿实训鞋服、佩戴防护眼镜。

（3）加工时，工件必须夹紧。

（4）停机测量工件时，应将工件移出，避免人体被刀具误伤。

（5）配制切削液时，应戴防护手套，防止切削液对皮肤造成腐蚀性伤害。

（6）毛坯必须去毛刺

七、劳动安全

（1）严格遵守车间安全标志的指示。

（2）工件去毛刺，避免划伤。

八、环境保护

（1）不可随意倾倒切削液，应遵从实训中心 6S 管理规定进行处理。

（2）切屑应放置在指定废弃处。

📇 工作过程

一、信息

（1）查阅资料，写出 G00、G01 指令的含义及使用格式。

（2）如何判断是顺铣还是逆铣？

（3）列出三种加工平面的加工路径，并分析优缺点。

（4）采用立铣刀加工本零件时，下刀点如何选择，为什么？

（5）解释铣削用量三要素，并说明在本零件中应该如何选取。

（6）自己收集资料并查询相似零件的编程案例，分析加工工艺和加工程序，供编程参考。

（7）该零件涉及哪些检测工具，其使用要求是什么？

（8）查阅刀具手册，简述立铣刀的材料、类型和结构。本任务怎样选择立铣刀？

（9）数控铣床日常维护保养的内容有哪些？

（10）怎样做好数控系统的日常维护？

二、计划

小组讨论后，完成小组成员分工表（见表 2-10）和工作计划流程表（见表 2-11）。

表 2-10　小组成员分工表

成员姓名	职务	小组中的任务分工	备注

续表

成员姓名	职务	小组中的任务分工	备注

表2-11　工作计划流程表

序号	工作内容	工作时间/分钟	执行人
1			
2			
3			
4			
5			

三、决策

完成工、量、刃、辅具及材料表（见表2-12）和数控加工工序卡（见表2-13）。

表2-12　工、量、刃、辅具及材料表

种类	序号	名称	规格	精度	数量	备注
工具						
量具						
刃具						

续表

种类	序号	名称	规格	精度	数量	备注
辅具						
材料						

表 2-13 数控加工工序卡

数控加工工序卡				产品型号		零件图号			
				产品名称		零件名称			
材料牌号			毛坯种类	毛坯外形尺寸		备注			
工序号	工序名称	设备名称	设备型号	程序编号	夹具代号	夹具名称	切削液	车间	
工步号	工步内容	刀具号	刀具	量具	主轴转速 /r·min⁻¹	切削速度 /m·min⁻¹	进给速度 /mm·min⁻¹	背吃刀量 /mm	备注

续表

工步号	工步内容	刀具号	刀具	量具	主轴转速/r·min⁻¹	切削速度/m·min⁻¹	进给速度/mm·min⁻¹	背吃刀量/mm	备注
编制			审核		批准			共 页	第 页

四、实施

（1）写出数控加工程序清单（见表2-14，可附页）。

表2-14 数控加工程序清单

数控加工程序清单		组别	学号	姓名
模块名称		使用设备		成绩
零件图号		数控系统		
程序名		子程序名		
				说明

（2）记录仿真和实际加工实施过程中出现的与决策结果不一致的情况和出现异常的情况。或者记录仿真和实际加工步骤。

原计划：　　　　　　　　实际计划：

五、检查

学生和教师分别用量具或者量规检查已经加工好的零件或部件，评价是否达到要求的质量特征值，并分别把学生自评和教师检查的分值结果填入"工件质量及职业行为与素养过程评分表"（见表 2-15）中的"学生自评"和"教师检查"栏。

重要说明：

（1）当学生的评分和教师的评分一致时，得分为教师评分；当教师检查的实际尺寸与学生测量的实际尺寸不同时，以教师的测量结果为准。

（2）学生测得的实际尺寸在检测报告的评价中不予考虑，仅供学生自我反思。

（3）灰底处由教师填写。

六、评价

根据实训场地的安全文明操作规范和 6S 管理规范，评价自己在任务实施过程中是否遵守相关要求，并把违规和得分情况填入"工件质量及职业行为与素养过程评分表"中。将任务总成绩填入表 2-16 中。

重要说明：

（1）学生自评本人在任务实施过程中的职业行为与素养，总分 100 分。非重大失误，每次扣 2 分；重大失误每次扣 5 分，并对扣分原因做简要说明。

（2）教师根据学生的自评进行检查，"教师检查"栏中如情况属实打√，情况不属实打 ×，如果打"×"该项不得分。

（3）灰底处由教师填写。

表 2-15　工件质量及职业行为与素养过程评分表

序号	项目	评分标准	配分	学生自评	教师检查	得分	整改意见
1	轮廓形状	错一处扣 5 分	10				
2	直径	每超差一处扣 10 分	30				
3	几何公差	每超差一处扣 10 分	40				

续表

序号	项目		评分标准	配分	学生自评	教师检查	得分	整改意见
4	外观	表面粗糙度	增大一级扣1分	5				
		倒角、倒锐	每超差一处扣2分	10				
		有无损伤	有损伤不得分	5				
			工件质量总分 =					
1	安全文明操作及6S管理规范（共75分）		工具、量具混放扣2分	10				
2			量具掉地上每次扣2分	10				
3			量具测量方法不对扣2分	5				
4			未填写6S管理点检表扣5分	10				
5			未穿工作服扣5分	10				
6			工作服穿戴不整齐、不规范扣2分	10				
7			工具、量具摆放不整齐每次扣2分	5				
8			操作工位旁不整洁每次扣2分	5				
9			操作时发生安全小事故扣5分	10				
10	否决项，违反其中一项，职业行为与素养0分处理		不服从实训安排					
11			严重违反安全与文明生产规程					
12			违反设备操作规程					
13			发生重大事故					
14	TPM管理（共25分）		TPM管理点检表填写不完全每处扣2分	10				
15			TPM管理执行（扣5-3-0三个等次）	5				

续表

序号	项目	评分标准	配分	学生自评	教师检查	得分	整改意见
16	TPM 管理（共 25 分）	未填写 TPM 点检表	10				
				职业行为与素养得分 =			

表 2-16　任务总成绩计算

序号	各部分成绩	权重	中间成绩
1	零件自评检测	0.4	
2	职业行为与素养	0.3	
3	工作页评价	0.3	
		总成绩：	

总结与提高

（1）描述本次任务的内容，思考自己设计的加工工艺和所编程序能否进一步优化，如果可以，应该怎样优化？

（2）总结收获和体会（学到了哪些知识，在工作过程中犯了哪些错误怎么解决的）。

（3）思考题。

①当工件坐标系位置确定好后，使用不同直径和长度的刀具对同一个工件进行 X/Y 向对刀，对其结果有没有影响？对 Z 向对刀呢？

②如果加工完成以后，零件表面出现交叉纹路，试分析交叉纹路是怎样产生的？如何避免交叉纹路？

③你觉得自己在哪些方面没有做好？如果重新做，你会如何改进？在后面的任务中你将注意哪些问题？

④对于简单的平面铣削加工操作，你有哪些不清楚的地方？你认为自己在哪些方面需要改进？

📋 任务小结

本次任务的**知识目标**主要是能够掌握简单的平面铣削加工工艺，掌握立铣刀的知识及切削参数的制订；掌握 G00、G01 等基本数控编程指令的格式和使用；掌握工件、刀具切削要素知识。**能力目标**主要是会安排平面的走刀路线；会编制平面铣削的数控铣削程序；掌握数控铣床基本操作；会对数控铣床进行保养；能做好现场 6S 管理和 TPM 管理。

工艺知识：平面铣削刀具相关知识，合理选择刀具和切削参数，正确编制平面零件铣削加工工艺。

刀具知识：刀具类型、刀位点。

测量知识：游标卡尺、百分表。

夹具知识：平口钳。

编程知识：坐标系（机床坐标系、编程坐标系）、工件坐标系 G54~G59、节点计算、进给指令 F、主轴转速指令 S、换刀指令 T、进给量单位选择、公制 / 英制编程、绝对值编程 / 增量编程、快速点定位指令 G00、直线插补指令 G01。

情境模块二 轮廓零件加工 任务二 外轮廓零件加工	姓名：	班级：
	日期：	工作页评价：

任务二 外轮廓零件加工

任务导入

如图 2-6 所示，毛坯尺寸：80 mm × 80 mm × 20 mm，工件材料为硬铝，上、下平面及周边侧面已完成加工，要求编制该零件的数控加工程序，并在数控铣床上进行加工。

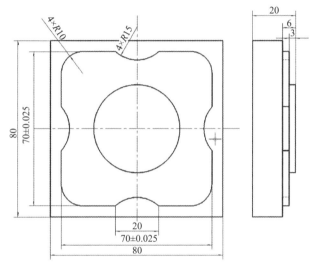

技术要求：
1. 未注公差尺寸按 GB/T 1804—m。
2. 未注倒角 C0.5。
3. 锐角倒钝。
4. 去毛刺。

图 2-6 零件图

 任务提示

一、任务描述

本车间得到一批加工外轮廓零件加工任务，共 100 件，工期为 3 天。生产管理部门同技术人员与客户协商签订了加工合同。生产管理部门向车间下达加工该零件的任务单，工期为 3 天，任务完成后提交成品件及检验报告。车间管理部门将接收的该零件的任务单下达技术科，要求编程员制订加工工艺并提供手工编制的数控铣削加工程序，经试加工后，将程序和样品提交车间，供数控铣床操作工加工使用。

二、工作方法

（1）读图后分析问题，可以使用的材料有课本内容、刀具样本等。
（2）以小组讨论的形式完成工作计划。
（3）按照工作计划，完成加工工艺卡的填写、数控编程与加工任务。对于工作中出现的问题，尽量自行解决，如无法解决再与培训教师进行讨论。
（4）培训过程中与培训教师讨论，进行工作总结。

三、工作内容

（1）分析零件图样，拟定工作路线。

（2）刀、量、夹具及加工参数选择。

（3）节点坐标计算。

（4）数控编程与调试。

（5）零件加工与检测。

（6）工具、设备、现场 6S 和 TPM 管理。

四、工具

（1）平口钳。

（2）扳手。

（3）垫铁。

（4）塑胶锤子。

（5）游标卡尺。

（6）百分表及表座。

（7）表面粗糙度样板。

（8）立铣刀。

五、知识储备

（1）切削要素。

（2）切削用量。

（3）顺铣、逆铣。

（4）走刀进给路线。

（5）平面外轮廓切向切入、切出方式。

（6）圆弧插补指令 G02、G03。

（7）刀具半径补偿指令 G41、G42、G40。

（8）平面外轮廓加工方法及尺寸控制。

六、注意事项与工作提示

（1）机床只能由一人操作，不可多人同时操作。

（2）穿实训鞋服、佩戴防护眼镜。

（3）加工时，工件必须夹紧。

（4）停机测量工件时，应将工件移出，避免人体被刀具误伤。

（5）配制切削液时，应戴防护手套，防止切削液对皮肤造成腐蚀性伤害。

（6）毛坯必须去毛刺。

七、劳动安全

（1）严格遵守车间安全标志的指示。

（2）工件去毛刺，避免划伤。

八、环境保护

（1）不可随意倾倒切削液，应遵从实训中心 6S 管理规定进行处理。

（2）切屑应放置在指定废弃处

💾 工作过程

一、信息

（1）请写出 G02、G03 指令的含义及使用格式。当加工整圆时，应采用哪种圆弧指令格式？

（2）查阅资料，写出 G41、G42、G40 指令的含义及使用格式。建立和撤销半径补偿时有哪些注意事项？

（3）查阅资料，写出平面外轮廓切向切入、切出方式的注意事项。

（4）如何通过改变刀具半径补偿，完成工件粗、精加工？可以举例说明。

（5）自己收集资料查询相似零件的编程案例，分析加工工艺和加工程序，供编程参考。

（6）讨论、分析，确定本零件的数控加工工艺（加工工序、加工基准、加工部位和刀具路径等），并估算加工时间和加工成本。

二、计划

小组讨论后，完成小组成员分工表（见表 2-17）和工作计划流程（见表 2-18）。

表 2-17　小组成员分工表

成员姓名	职务	小组中的任务分工	备注

表 2-18　工作计划流程表

序号	工作内容	工作时间 / 分钟	执行人
1			
2			
3			
4			
5			

三、决策

完成工、量、刃、辅具及材料表（见表2-19）和数控加工工序卡（见表2-20）。

表2-19　工、量、刃、辅具及材料表

种类	序号	名称	规格	精度	数量	备注
工具						
量具						
刃具						
辅具						
材料						

表2-20　数控加工工序卡

数控加工工序卡				产品型号		零件图号			
				产品名称		零件名称			
材料牌号		毛坯种类		毛坯外形尺寸		备注			
工序号	工序名称	设备名称	设备型号	程序编号	夹具代号	夹具名称	切削液	车间	
工步号	工步内容	刀具号	刀具	量具	主轴转速 /r·min⁻¹	切削速度 /m·min⁻¹	进给速度 /mm·min⁻¹	背吃刀量 /mm	备注
编制		审核		批准				共　页	第　页

四、实施

（1）写出数控加工程序清单（见表2-21，可附页）。

表2-21 数控加工程序清单

数控加工程序清单		组别	学号	姓名
模块名称		使用设备		成绩
零件图号		数控系统		
程序名		子程序名		
				说明

（2）记录仿真和实际加工实施过程中出现的与决策结果不一致的情况和出现异常的情况。或者记录仿真和实际加工步骤。

原计划： 实际计划：

五、检查

学生和教师分别用量具或者量规检查已经加工好的零件或部件，评价是否达到要求的质量特征值，并分别把学生自评和教师检查的分值结果填入"工件质量及职业行为与素养过程评分表"（见表2-22）中的"学生自评"和"教师检查"栏。

重要说明：

（1）当学生的评分和教师的评分一致时，得分为教师评分；当教师检查的实际尺寸与学生测量的实际尺寸不同时，以教师的测量结果为准。

（2）学生测得的实际尺寸在检测报告的评价中不予考虑，仅供学生自我反思。

（3）灰底处由教师填写。

六、评价

根据实训场地的安全文明操作规范和6S管理规范，评价自己在任务实施过程中是否遵守相关要求，并把违规和得分情况填入"工件质量及职业行为与素养过程评分表"中。将任务总成绩填入表2-23中。

重要说明：

（1）学生自评本人在任务实施过程中的职业行为与素养，总分100分。非重大失误，每次扣2分；重大失误每次扣5分，并对扣分原因做简要说明。

（2）教师根据学生的自评进行检查，"教师检查"栏中如情况属实打√，情况不属实打×，如果打"×"该项不得分。

（3）灰底处由教师填写。

表2-22 工件质量及职业行为与素养过程评分表

序号	项目		评分标准	配分	学生自评	教师检查	得分	整改意见
1	轮廓形状		错一处扣5分	10				
2	圆弧		超差不得分	30				
3	长度		每超差一处扣10分	40				
4	外观	表面粗糙度	增大一级扣1分	5				
		倒角、倒锐	每超差一处扣2分	10				
		有无损伤	有损伤不得分	5				
			工件质量总分 =					
1	安全文明操作及6S管理规范（共75分）		工具、量具混放扣5分	10				
2			量具掉地上每次扣2分	10				
3			量具测量方法不对扣2分	5				
4			未填写6S管理点检表扣10分	10				
5			未穿工作服	10				
6			工作服穿戴不整齐、不规范扣5分	10				
7			工具、量具摆放不整齐每次扣2分	5				
8			操作工位旁不整洁每次扣2分	5				
9			操作时发生安全小事故扣10分	10				

续表

序号	项目	评分标准	配分	学生自评	教师检查	得分	整改意见
10	否决项，违反其中一项，职业行为与素养 0 分处理	不服从实训安排					
11		严重违反安全与文明生产规程					
12		违反设备操作规程					
13		发生重大事故					
14	TPM 管理（共 25 分）	TPM 管理点检表填写不完全每处扣 2 分	10				
15		TPM 管理执行（扣 5-3-0 三个等次）	5				
16		未填写 TPM 点检表	10				
				职业行为与素养得分 =			

表 2-23 任务总成绩计算

序号	各部分成绩	权重	中间成绩
1	零件自评检测	0.4	
2	职业行为与素养	0.3	
3	工作页评价	0.3	
		总成绩：	

总结与提高

（1）描述本次任务的内容。思考自己设计的加工工艺和所编程序能否进一步优化。如果可以，应该怎样优化?

（2）总结收获和体会（学到了哪些知识，在工作过程中犯了哪些错误，怎么解决的）。

（3）思考题。

①在零件加工过程中，发现零件单边尺寸超差了一个半径的尺寸，请分析误差产生的原因并提出解决办法。

②你觉得自己在哪些方面没有做好？如果重新做，你会如何改进？在后面的任务中你将注意哪些问题？

③对于简单的平面外轮廓数控铣削加工操作，你有哪些不清楚的地方？你认为在哪些方面需要改进？

任务小结

本次任务的**知识目标**主要是掌握立铣刀的知识及切削参数的制订；掌握 G02、G03 圆弧插补指令和 G41、G42、G40 等刀具半径补偿指令的格式与使用；掌握外轮廓数控铣削的切入、切出方法，下刀方式和进给控制；掌握平面外轮廓加工工艺的制订方法。**能力目标**是掌握平面外轮廓加工方法及尺寸控制；会解决平面外轮廓多余材料的处理；会数控铣床基本操作；会对数控铣床进行保养；能做好现场 6S 管理和 TPM 管理。

工艺知识：切削要素、切削用量、顺铣/逆铣、走刀进给路线。

刀具知识：刀具类型、刀具组成。

测量知识：游标卡尺，百分表。

夹具知识：平口钳。

编程知识：加工平面选择，辅助指令 M，绝对值编程/相对值编程，圆弧插补指令 G02、G03，刀具半径补偿指令 G41、G42、G40。

情境模块二　轮廓零件加工	姓名：	班级：
任务三　内轮廓零件加工	日期：	工作页评价：

任务三 内轮廓零件加工

任务导入

　　如图 2-7 所示，毛坯尺寸为 80 mm × 80 mm × 20 mm，上、下平面及周边侧面已完成加工，工件材料为硬铝，要求编制该零件的数控加工程序，并在数控铣床上进行加工。

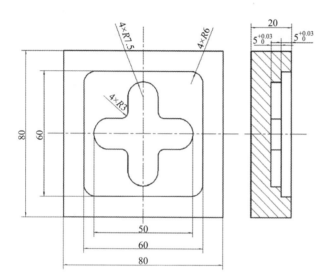

技术要求：
1. 未注公差尺寸按 GB/T 1804—m。
2. 去除毛刺飞边。
3. 零件加工表面上，不应有划痕、擦伤等损伤零件表面的缺陷。

图 2-7　零件图

任务提示

一、任务描述

　　本车间获得一批内轮廓零件的铣削加工任务，共 50 件，工期为 5 天。生产管理部门同技术人员与客户协商签订了加工合同。生产管理部门向车间下达加工该零件的任务单，工期为 5 天，任务完成后提交成品件及检验报告。车间管理部门将接收的该零件的任务单下达技术科，要求编程员制订加工工艺并提供手工编制的数控铣削加工程序，经试加工后，将程序和样品提交车间，供数控铣床操作工加工使用。

二、工作方法

（1）读图后分析问题，可以使用的材料有课本内容、刀具样本等。
（2）以小组讨论的形式完成工作计划。
（3）按照工作计划，完成加工工艺卡的填写、数控编程与加工任务。对于工作中出现的问题，尽量自行解决，如无法解决再与培训教师进行讨论。
（4）培训过程中与培训教师讨论，进行工作总结。

三、工作内容

（1）分析零件图样，拟定工作路线。

（2）刀、量、夹具及加工参数选择。

（3）节点坐标计算。

（4）数控编程与调试。

（5）零件加工与检测。

（6）工具、设备、现场 6S 和 TPM 管理

四、工具

（1）平口钳。

（2）扳手。

（3）垫铁。

（4）塑胶锤子。

（5）游标卡尺。

（6）百分表及表座。

（7）表面粗糙度样板。

（8）立铣刀、键槽铣刀。

五、知识储备

（1）数控铣削加工工艺。

（2）切削液选择。

（3）走刀进给路线。

（4）平面内轮廓切入、切出方式。

（5）刀具选取。

（6）刀具长度补偿指令 G43、G44、G49。

（7）子程序 M98、M99。

六、注意事项与工作提示

（1）机床只能由一人操作，不可多人同时操作。

（2）穿实训鞋服、佩戴防护眼镜。

（3）加工时，工件必须夹紧。

（4）停机测量工件时，应将工件移出，避免人体被刀具误伤。

（5）配制切削液时，应戴防护手套，防止切削液对皮肤造成腐蚀性伤害。

（6）毛坯必须去毛刺。

七、劳动安全

（1）严格遵守车间安全标志的指示。

（2）工件去毛刺，避免划伤。

八、环境保护

（1）不可随意倾倒切削液，应遵从实训中心 6S 管理规定进行处理。

（2）切屑应放置在指定废弃处。

工作过程

一、信息

（1）确定立铣刀和键槽铣刀在结构和功能上有哪些相似点和不同点，填入表 2-24 中。

表 2-24　立铣刀和键槽铣刀的区别

类别	序号	项目	立铣刀	键槽铣刀
相似点	1	外形		
	2	切削刃分布		
	3	加工零件类型		
不同点	1	端面切削刃特点		
	2	下刀位置选择		
	3	适用范围		

（2）加工型腔时有几种下刀方式，请分别列出并说明优缺点。

（3）查阅资料，写出 M98、M99、G43、G44、G49 指令的含义及使用格式。

（4）在调用子程序时，在程序结尾、多次下刀、编写轮廓程序等方面要注意哪些问题？

（5）列出你所知道的对刀工具和对刀方法，各有什么特点。

（6）测量内轮廓的工具有哪些，使用时要注意什么？

（7）自己收集资料查询相似零件的编程案例，分析加工工艺和加工程序，供编程参考。

（8）讨论、分析，确定本零件的数控加工工艺（加工工序、加工基准、加工部位和刀具路径等），并估算加工时间和加工成本。

二、计划

小组讨论后，完成小组成员分工表（见表 2-25）和工作计划流程表（见表 2-26）。

表 2-25　小组成员分工表

成员姓名	职务	小组中的任务分工	备注

表 2-26 工作计划流程表

序号	工作内容	工作时间 / 分钟	执行人
1			
2			
3			
4			
5			

三、决策

完成工、量、刃、辅具及材料表（见表 2-27）和数控加工工序卡（见表 2-28）。

表 2-27 工、量、刃、辅具及材料表

种类	序号	名称	规格	精度	数量	备注
工具						
量具						
刀具						

续表

种类	序号	名称	规格	精度	数量	备注
辅具						
材料						

表 2-28 数控加工工序卡

数控加工工序卡			产品型号		零件图号	
			产品名称		零件名称	
材料牌号		毛坯种类		毛坯外形尺寸	备注	
工序号	工序名称	设备名称	设备型号	程序编号	夹具代号	夹具名称	切削液	车间
工步号	工步内容	刀具号	刀具	量具	主轴转速 /r·min^{-1}	切削速度 /m·min^{-1}	进给速度 /mm·min^{-1}	背吃刀量 /mm	备注

续表

工步号	工步内容	刀具号	刀具	量具	主轴转速 /r·min⁻¹	切削速度 /m·min⁻¹	进给速度 /mm·min⁻¹	背吃刀量 /mm	备注
编制			审核		批准			共　页	第　页

四、实施

（1）写出数控加工程序清单（见表2-29，可附页）。

表2-29　数控加工程序清单

数控加工程序清单			组别	学号	姓名
模块名称		使用设备		成绩	
零件图号		数控系统			
程序名			子程序名		
					说明

（2）记录仿真和实际加工实施过程中出现的与决策结果不一致的情况和出现异常的情况。或者记录仿真和实际加工步骤。

原计划：　　　　　　　　　　实际计划：

五、检查

学生和教师分别用量具或者量规检查已经加工好的零件或部件，评价是否达到要求的质量特征值，并分别把学生自评和教师检查的分值结果填入"工件质量及职业行为与素养过程评分表"（见表 2-30）中的"学生自评"和"教师检查"栏。

重要说明：

（1）当学生的评分和教师的评分一致时，得分为教师评分；当教师检查的实际尺寸与学生测量的实际尺寸不同时，以教师的测量结果为准。

（2）学生测得的实际尺寸在检测报告的评价中不予考虑，仅供学生自我反思。

（3）灰底处由教师填写。

六、评价

根据实训场地的安全文明操作规范和 6S 管理规范，评价自己在任务实施过程中是否遵守相关要求，并把违规和得分情况填入"工件质量及职业行为与素养过程评分表"中。将任务总成绩填入表 2-31 中。

重要说明：

（1）学生自评本人在任务实施过程中的职业行为与素养，总分 100 分。非重大失误，每次扣 2 分；重大失误每次扣 5 分，并对扣分原因做简要说明。

（2）教师根据学生的自评进行检查，"教师检查"栏中如情况属实打 √，情况不属实打 ×，如果打"×"该项不得分。

（3）灰底处由教师填写。

表 2-30　工件质量及职业行为与素养过程评分表

序号	项目	评分标准	配分	学生自评	教师检查	得分	整改意见
1	轮廓形状	错一处扣 5 分	10				
2	圆弧	超差不得分	30				
3	长度	每超差一处扣 10 分	40				

序号	项目		评分标准	配分	学生自评	教师检查	得分	整改意见
4	外观	表面粗糙度	增大一级扣1分	5				
		倒角、倒锐	每超差一处扣2分	10				
		有无损伤	有损伤不得分	5				
						工件质量总分=		
1	安全文明操作及6S管理规范（共75分）		工具、量具混放扣2分	10				
2			量具掉地上每次扣2分	10				
3			量具测量方法不对扣2分	5				
4			未填写6S管理点检表扣5分	10				
5			未穿工作服扣5分	10				
6			工作服穿戴不整齐、不规范扣2分	10				
7			工具、量具摆放不整齐每次扣2分	5				
8			操作工位旁不整洁每次扣2分	5				
9			操作时发生安全小事故扣5分	10				
10	否决项，违反其中一项，职业行为与素养0分处理		不服从实训安排					
11			严重违反安全与文明生产规程					
12			违反设备操作规程					
13			发生重大事故					
14	TPM管理（共25分）		TPM管理点检表填写不完全每处扣2分	10				
15			TPM管理执行（扣5-3-0三个等次）	5				

续表

序号	项目	评分标准	配分	学生自评	教师检查	得分	整改意见
16	TPM 管理（共 25 分）	未填写 TPM 点检表	10				
				职业行为与素养得分 =			

表 2-31　任务总成绩计算

序号	各部分成绩	权重	中间成绩
1	零件自评检测	0.4	
2	职业行为与素养	0.3	
3	工作页评价	0.3	
		总成绩：	

总结与提高

（1）描述本次任务的内容。思考自己设计的加工工艺和所编程序能否进一步优化。如果可以，应该怎样优化？

（2）总结收获和体会（学到了哪些知识，在工作过程中犯了哪些错误，怎么解决的）。

（3）思考题。

①键槽铣刀和立铣刀相比，在确定切削用量时有什么不同？为什么？

②选择铣削内轮廓零件的刀具类型和规格时，需要考虑哪些问题？

③子程序有哪些方面的应用？

④在运行程序加工零件时，如何进行零件深度方向的粗加工、精加工？

⑤你觉得自己在哪些方面没有做好？如果重新做，你会如何改进？在后面的任务中你将注意哪些问题？

⑥对于内轮廓零件加工操作，你有哪些不清楚的地方？你认为在哪些方面需要改进？

任务小结

本次任务的**知识目标**主要是掌握 M98、M99 子程序调用指令的用法；掌握刀具长度补偿指令 G43/G44/G49 的用法；掌握型腔零件加工刀具的选择方法；掌握切削用量计算方法；掌握分层铣削的方法。**能力目标**主要是会安排型腔零件加工走刀路线；会编制型腔零件的加工工艺和程序；能完成型腔数控铣削加工；能完成用寻边器和 Z 轴设定器进行对刀的操作方法；掌握多把刀分别对刀并设定工件坐标系的方法；会对数控车床进行保养，能做好现场 6S 管理和 TPM 管理。

工艺知识：工艺卡、切削液、切削要素、切削用量、走刀进给路线。

刀具知识：刀具类型、刀具材料、刀具磨损。

测量知识：游标卡尺。

夹具知识：平口钳。

编程知识：刀具长度补偿指令 G43/G44/G49、刀具半径补偿指令 G41/G41/G40、子程序。

任务四 轮廓综合加工

任务导入

如图 2-8 所示，毛坯尺寸为 80 mm×80 mm×20 mm，工件材料为硬铝，上、下平面及周边侧面已完成加工，要求编制该零件的数控加工程序，并在数控铣床上进行加工。

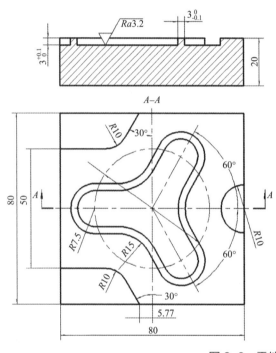

技术要求：
1. 未注公差尺寸按 GB/T 1804—m。
2. 锐边倒角 $C1$。
3. 不允许使用砂布、锉刀等修饰加工面。

图 2-8 零件图

任务提示

一、任务描述

本车间获得一批零件的铣削加工任务，共 20 件，工期为 5 天。生产管理部门同技术人员与客户协商签订了加工合同。生产管理部门向车间下达加工该零件的任务单，工期为 5 天，任务完成后提交成品件及检验报告。车间管理部门将接收的该零件的任务单下达技术科，

要求编程员制订加工工艺并提供手工编制的数控铣削加工程序，经试加工后，将程序和样品提交车间，供数控铣床操作工加工使用。

二、工作方法

（1）读图后分析问题，可以使用的材料有课本内容、刀具样本等。

（2）以小组讨论的形式完成工作计划。

（3）按照工作计划，完成加工工艺卡的填写、数控编程与加工任务。对于工作中出现的问题，尽量自行解决，如无法解决再与培训教师进行讨论。

（4）培训过程中与培训教师讨论，进行工作总结

三、工作内容

（1）分析零件图样，拟定工作路线。

（2）刀、量、夹具及加工参数选择。

（3）节点坐标计算。

（4）数控编程与调试。

（5）零件加工与检测。

（6）工具、设备、现场 6S 和 TPM 管理。

四、工具

（1）平口钳。

（2）扳手。

（3）平行垫铁。

（4）塑胶锤子。

（5）游标卡尺。

（6）深度游标卡尺。

（7）游标万能角度尺。

（8）百分表及表座。

（9）表面粗糙度样板。

（10）立铣刀。

（11）键槽铣刀。

五、知识储备

（1）切削要素。

（2）切削用量。

（3）顺铣、逆铣。

（4）走刀进给路线。

（5）平面外轮廓切向切入、切出方式。

（6）平面内轮廓切入、切出方式。

（7）圆弧插补指令 G02、G03。

（8）刀具半径补偿指令 G41、G42、G40。

（9）刀具长度补偿指令 G43、G44、G49。

（10）相同形状内、外轮廓加工及轮廓尺寸控制方法。

六、注意事项与工作提示

（1）机床只能由一人操作，不可多人同时操作。

（2）穿实训鞋服、佩戴防护眼镜。

（3）加工时，工件必须夹紧。

（4）停机测量工件时，应将工件移出，避免人体被刀具误伤。

（5）配制切削液时，应戴防护手套，防止切削液对皮肤造成腐蚀性伤害。

（6）毛坯必须去毛刺。

七、劳动安全

（1）严格遵守车间安全标志的指示。

（2）工件去毛刺，避免划伤。

八、环境保护

（1）不可随意倾倒切削液，应遵从实训中心 6S 管理规定进行处理。

（2）切屑应放置在指定废弃处。

 工作过程

一、信息

（1）根据零件图画出加工路径并标注在图 2-9 上，用二维绘图软件画出零件图，确定基点坐标并填入表 2-32。

图 2-9　零件加工路径

表 2-32　零件基点坐标

基点序号	基点坐标	基点序号	基点坐标	基点序号	基点坐标	基点序号	基点坐标
1		8		15		22	
2		9		16		23	
3		10		17		24	
4		11		18		26	
5		12		19		27	
6		13		20		28	
7		14		21		29	

（2）数控铣床进给速度为 150 mm/min，主轴转速为 1000 r/min，铣刀每转进给量是多少？若采用二齿立铣刀，则每齿进给量是多少？

（3）用 G41 指令进行刀具半径补偿，若不小心将刀具半径值输入为负值，刀具加工轨迹有什么变化？

（4）粗加工内轮廓留有 0.3 mm 的精加工余量，若刀具直径为 20 mm，那么请问机床刀具半径参数值应设置为多少？

（5）自己收集资料并查询相似零件的编程案例，分析加工工艺和加工程序，供编程参考。

（6）讨论、分析，确定本零件的数控加工工艺（加工工序、加工基准、加工部位和刀具路径等），并估算加工时间和加工成本。

二、计划

小组讨论后，完成小组成员分工表（见表 2-33）和工作计划流程表（见表 2-34）。

表 2-33　小组成员分工表

成员姓名	职务	小组中的任务分工	备注

表 2-34　工作计划流程表

序号	工作内容	工作时间 / 分钟	执行人
1			
2			
3			
4			
5			

三、决策

完成工、量、刃、辅具及材料表（见表 2-35）和数控加工工序卡（见表 2-36）。

表 2-35　工、量、刃、辅具及材料表

种类	序号	名称	规格	精度	数量	备注
工具						

种类	序号	名称	规格	精度	数量	备注
量具						
刃具						
辅具						
材料						

表 2-36　数控加工工序卡

数控加工工序卡					产品型号		零件图号		
					产品名称		零件名称		
材料牌号			毛坯种类		毛坯外形尺寸		备注		
工序号	工序名称	设备名称		设备型号	程序编号	夹具代号	夹具名称	切削液	车间

工步号	工步内容	刀具号	刀具	量具	主轴转速/r·min⁻¹	切削速度/m·min⁻¹	进给速度/mm·min⁻¹	背吃刀量/mm	备注
编制		审核		批准				共　页	第　页

四、实施

（1）写出数控加工程序清单（见表2-37，可附页）。

表2-37　数控加工程序清单

数控加工程序清单				组别	学号	姓名
模块名称		使用设备		成绩		
零件图号		数控系统				
程序名			子程序名			
					说明	

（2）记录仿真和实际加工实施过程中出现的与决策结果不一致的情况和出现异常的情况。或者记录仿真和实际加工步骤。

原计划：　　　　　　　　　实际计划：

五、检查

学生和教师分别用量具或者量规检查已经加工好的零件或部件，评价是否达到要求的质量特征值，并分别把学生自评和教师检查的分值结果填入"工件质量及职业行为与素养过程评分表"（见表2-38）中的"学生自评"和"教师检查"栏。

重要说明：

（1）当学生的评分和教师的评分一致时，得分为教师评分；当教师检查的实际尺寸与学生测量的实际尺寸不同时，以教师的测量结果为准。

（2）学生测得的实际尺寸在检测报告的评价中不予考虑，仅供学生自我反思。

（3）灰底处由教师填写。

六、评价

根据实训场地的安全文明操作规范和6S管理规范，评价自己在任务实施过程中是否遵守相关要求，并把违规和得分情况填入"工件质量及职业行为与素养过程评分表"中。将任务总成绩填入表2-39中。

重要说明：

（1）学生自评本人在任务实施过程中的职业行为与素养，总分100分。非重大失误，每次扣2分；重大失误每次扣5分，并对扣分原因做简要说明。

（2）教师根据学生的自评进行检查，"教师检查"栏中如情况属实打√，情况不属实打×，如果打"×"该项不得分。

（3）灰底处由教师填写。

表2-38　工件质量及职业行为与素养过程评分表

序号	项目	评分标准	配分	学生自评	教师检查	得分	整改意见
1	轮廓形状	错一处扣5分	10				
2	圆弧	超差不得分	30				
3	长度	每超差一处扣10分	40				

序号	项目		评分标准	配分	学生自评	教师检查	得分	整改意见
4	外观	表面粗糙度	增大一级扣1分	5				
		倒角、倒锐	每超差一处扣2分	10				
		有无损伤	有损伤不得分	5				
			工件质量总分=					
1	安全文明操作及6S管理规范（共75分）		工具、量具混放扣2分	10				
2			量具掉地上每次扣2分	10				
3			量具测量方法不对扣2分	5				
4			未填写6S管理点检表扣5分	10				
5			未穿工作服扣5分	10				
6			工作服穿戴不整齐、不规范扣2分	10				
7			工具、量具摆放不整齐每次扣2分	5				
8			操作工位旁不整洁每次扣2分	5				
9			操作时发生安全小事故扣5分	10				
10	否决项，违反其中一项，职业行为与素养0分处理		不服从实训安排					
11			严重违反安全与文明生产规程					
12			违反设备操作规程					
13			发生重大事故					
14	TPM管理（共25分）		TPM管理点检表填写不完全每处扣2分	10				
15			TPM管理执行（扣5-3-0三个等次）	5				

序号	项目	评分标准	配分	学生自评	教师检查	得分	整改意见
16	TPM 管理（共 25 分）	未填写 TPM 点检表	10				
					职业行为与素养得分 =		

表 2-39　任务总成绩计算

序号	各部分成绩	权重	中间成绩
1	零件自评检测	0.4	
2	职业行为与素养	0.3	
3	工作页评价	0.3	
		总成绩：	

总结与提高

（1）描述本次任务的内容。思考自己设计的加工工艺和所编程序能否进一步优化。如果可以，应该怎样优化？

（2）总结收获和体会（学到了哪些知识，在工作过程中犯了哪些错误，怎么解决的）。

（3）思考题。

①刀具半径值由正值变成负值时，加工轮廓如何变换？ G41、G42 指令如何变化？

②内、外轮廓切入和切出时应考虑哪些因素？为什么？

③如何控制相同内、外轮廓壁厚？

④你觉得自己在哪些方面没有做好？如果重新做，你会如何改进？在后面的任务中你将注意哪些问题？

⑤对于相同形状内、外轮廓数控铣削加工操作，你有哪些不清楚的地方？你认为在哪些方面需要改进？

任务小结

本次任务的**知识目标**主要是掌握轮廓综合加工工艺制订方法；了解相同形状内、外轮廓的编程方法。**能力目标**是能掌握轮廓综合加工方法及尺寸控制；会进行相同形状内、外轮廓的加工；进一步掌握轮廓尺寸控制方法；会数控铣床基本操作；会对数控铣床进行保养，能做好现场 6S 管理和 TPM 管理。

工艺知识：切削要素、切削用量、顺铣 / 逆铣、走刀进给路线。

刀具知识：刀具类型、刀具组成。

测量知识：游标卡尺、百分表、游标万能角度尺。

夹具知识：平口钳。

编程知识：加工平面选择，绝对值编程 / 相对值编程，圆弧插补指令 G02、G03，刀具半径补偿指令 G41、G42、G40。

情境模块二　轮廓零件加工	姓名：	班级：
任务五　孔类零件加工	日期：	工作页评价：

任务五 > 孔类零件加工

任务导入

如图 2-10 所示，完成侧面板的数控铣削编程与加工。

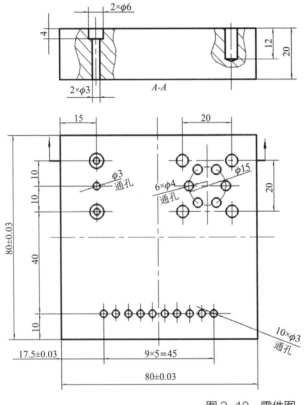

技术要求：
1. 未注公差尺寸按 GB/T 1804—m。
2. 去除毛刺飞边。
3. 零件加工表面上，不应有划痕、擦伤等损伤零件表面的缺陷。

图 2-10　零件图

任务提示

一、任务描述

本车间获得一批孔类零件的加工任务，共 30 件，工期为 1 天。生产管理部门同技术人员与客户协商签订了加工合同。生产管理部门向车间下达加工该零件的任务单，工期为 3 天，任务完成后提交成品件及检验报告。车间管理部门将接收的该零件的任务单下达技术科，要求编程员制订加工工艺并提供手工编制的数控铣削加工程序，经试加工后，将程序和样品提交车间，供数控铣床操作工加工使用。

二、工作方法

（1）读图后分析问题，可以使用的材料有课本内容、刀具样本等。

（2）以小组讨论的形式完成工作计划。

（3）按照工作计划，完成加工工艺卡的填写、数控编程与加工任务。对于工作中出现的问题，尽量自行解决，如无法解决再与培训教师进行讨论。

（4）培训过程中与培训教师讨论，进行工作总结。

三、工作内容

（1）分析零件图样，拟定工作路线。

（2）刀、量、夹具及加工参数选择。

（3）节点坐标计算。

（4）数控编程与调试。

（5）零件加工与检测。

（6）工具、设备、现场 6S 和 TPM 管理。

四、工具

（1）平口钳。

（2）扳手。

（3）塑胶锤子。

（4）游标卡尺。

（5）百分表及表座。

（6）光滑塞规。

（7）中心钻。

（8）麻花钻。

（9）锪钻。

五、知识储备

（1）孔加工切削用量。

（2）孔加工工艺。

（3）孔加工刀具。

（4）孔加工固定循环指令 G73、G81、G82、G83、G80。

（5）返回参考点指令 G28。

（6）换刀指令 M06。

（7）典型要素测量方法。

六、注意事项与工作提示

（1）机床只能由一人操作，不可多人同时操作。

（2）穿实训鞋服、佩戴防护眼镜。

（3）加工时，工件必须夹紧。

（4）停机测量工件时，应将工件移出，避免人体被刀具误伤。

（5）配制切削液时，应戴防护手套，防止切削液对皮肤造成腐蚀性伤害。

（6）毛坯必须去毛刺。

七、劳动安全

（1）严格遵守车间安全标志的指示。

（2）工件去毛刺，避免划伤。

八、环境保护

（1）不可随意倾倒切削液，应遵从实训中心 6S 管理规定进行处理。

（2）切屑应放置在指定废弃处。

工作过程

一、信 息

（1）常用孔加工的方法有哪些，分别使用哪种刀具进行加工？

（2）麻花钻钻孔时，旋转轴线如何保持定心，如何保证不发生偏移？

（3）钻头的冷却方式有几种？

（4）按照孔的精度，分别写出钻孔的顺序是什么，为什么这么安排？

（5）数控铣削加工顺序中为什么要先面后孔？

（6）说明钻孔指令 G81 和 G83 有什么不同，分别用在什么场合，说明指令 G98 和 G99 的区别是什么。

（7）自己收集资料并查询相似零件的编程案例，分析加工工艺和加工程序，供编程参考。

（8）查阅资料，列举孔加工完成后，测量的方法有几种？

二、计划

小组讨论后，完成小组成员分工表（见表 2-40）和工作计划流程表（见表 2-41）。

表 2-40　小组成员分工表

成员姓名	职务	小组中的任务分工	备注

表 2-41　工作计划流程表

序号	工作内容	工作时间/分钟	执行人
1			
2			
3			
4			

续表

序号	工作内容	工作时间/分钟	执行人
5			

三、决策

完成工、量、刃、辅具及材料表（见表 2-42）和数控加工工序卡（见表 2-43）。

表 2-42　工、量、刃、辅具及材料表

种类	序号	名称	规格	精度	数量	备注
工具						
量具						
刃具						
辅具						
材料						

表2-43　数控加工工序卡

数控加工工序卡				产品型号		零件图号			
				产品名称		零件名称			
材料牌号		毛坯种类		毛坯外形尺寸		备注			
工序号	工序名称	设备名称		设备型号	程序编号	夹具代号	夹具名称	切削液	车间
工步号	工步内容	刀具号	刀具	量具	主轴转速 /r·min⁻¹	切削速度 /m·min⁻¹	进给速度 /mm·min⁻¹	背吃刀量 /mm	备注
编制		审核		批准				共　页	第　页

四、实施

（1）写出数控加工程序清单（见表2-44，可附页）。

表2-44 数控加工程序清单表

数控加工程序清单			组别	学号	姓名
模块名称		使用设备		成绩	
零件图号		数控系统			
程序名			子程序名		
					说明

（2）记录仿真和实际加工实施过程中出现的与决策结果不一致的情况和出现异常的情况。或者记录仿真和实际加工步骤。

原计划：　　　　　　　　　　实际计划：

五、检查

学生和教师分别用量具或者量规检查已经加工好的零件或部件，评价是否达到要求的质量特征值，并分别把学生自评和教师检查的分值结果填入"工件质量及职业行为与素养过程评分表"（见表2-45）中的"学生自评"和"教师检查"栏。

重要说明：

（1）当学生的评分和教师的评分一致时，得分为教师评分；当教师检查的实际尺寸与学生测量的实际尺寸不同时，以教师的测量结果为准。

（2）学生测得的实际尺寸在检测报告的评价中不予考虑，仅供学生自我反思。

（3）灰底处由教师填写。

六、评价

根据实训场地的安全文明操作规范和6S管理规范，评价自己在任务实施过程中是否遵守相关要求，并把违规和得分情况填入"工件质量及职业行为与素养过程评分表"

中。将任务总成绩填入表 2-46 中。

重要说明：

（1）学生自评本人在任务实施过程中的职业行为与素养，总分 100 分。非重大失误，每次扣 2 分；重大失误每次扣 5 分，并对扣分原因做简要说明。

（2）教师根据学生的自评进行检查，"教师检查"栏中如情况属实打√，情况不属实打 ×，如果打"×"该项不得分。

（3）灰底处由教师填写。

表 2-45　工件质量及职业行为与素养过程评分表

序号	项目		评分标准	配分	学生自评	教师检查	得分	整改意见
1	轮廓形状		错一处扣 5 分	10				
2	直径		超差不得分扣 5 分	30				
3	长度		每超差一处扣 5 分	40				
4	外观	表面粗糙度	增大一级扣 1 分	5				
		倒角、倒锐	每超差一处扣 2 分	10				
		有无损伤	有损伤不得分	5				
			工件质量总分 =					
1	安全文明操作及 6S 管理规范（共 75 分）		工具、量具混放扣 2 分	10				
2			量具掉地上每次扣 2 分	10				
3			量具测量方法不对扣 2 分	5				
4			未填写 6S 管理点检表扣 5 分	10				
5			未穿工作服扣 5 分	10				
6			工作服穿戴不整齐、不规范扣 2 分	10				
7			工具、量具摆放不整齐每次扣 2 分	5				
8			操作工位旁不整洁每次扣 2 分	5				

续表

序号	项目	评分标准	配分	学生自评	教师检查	得分	整改意见
9	安全文明操作及6S管理规范（共75分）	操作时发生安全小事故扣5分	10				
10	否决项，违反其中一项，职业行为与素养0分处理	不服从实训安排					
11		严重违反安全与文明生产规程					
12		违反设备操作规程					
13		发生重大事故					
14	TPM管理（共25分）	TPM管理点检表填写不完全每处扣2分	10				
15		TPM管理执行（扣5-3-0三个等次）	5				
16		未填写TPM点检表	10				
					职业行为与素养得分 =		

表2-46　任务总成绩计算

序号	各部分成绩	权重	中间成绩
1	零件自评检测	0.4	
2	职业行为与素养	0.3	
3	工作页评价	0.3	
		总成绩：	

总结提高

（1）描述本次任务的内容。思考自己设计的加工工艺和所编程序能否进一步优化。如果可以，应该怎样优化？

（2）总结收获和体会（学到了哪些知识，在工作过程中犯了哪些错误，怎么解决的）。

（3）思考题。

①不同的孔的加工方式，分别可以达到什么精度？各适用于哪些场合？

②孔系加工的加工路线怎样确定？

③如果在钻孔过程中，麻花钻不幸折断，请问用什么方法将折断的钻头从孔中取出？

④如果没有机外对刀仪辅助测量刀具长度，如何利用加工中心对刀操作计算各刀具与标准刀具的长度差？

⑤当加工通孔时，在装夹工件的时候需要注意哪些问题？

⑥你觉得自己在哪些方面没有做好？如果重新做，你会如何改进？在后面的任务中你将注意哪些问题？

⑦对于孔类零件加工操作，你有哪些不清楚的地方？你认为在哪些方面需要改进？

📋 **任务小结**

本次任务的**知识目标**主要是掌握孔加工固定循环指令；掌握换刀指令和刀具长度

补偿指令；掌握孔加工刀具的结构和使用方法；掌握钻孔的加工工艺。**能力目标**主要是会选用各种孔加工刀具；会设计孔的走刀路线；会选择孔加工切削用量；能够使用立式加工中心进行孔类零件的自动加工；会立式加工中心刀库装刀和取刀；会对加工中心进行保养，能做好现场 6S 管理和 TPM 管理。

工艺知识：孔加工切削用量、孔加工工艺、切削液。

刀具知识：孔加工刀具。

测量知识：光滑塞规、内径百分表、典型要素测量方法。

夹具知识：平口钳。

编程知识：回参考点指令 G28、孔系加工循环指令 G73/G81/G82/G83/G80、换刀指令 M06。

情境模块三 零件综合加工	姓名：	班级：
任务一 中级工加工练习	日期：	工作页评价：

情境模块三 零件综合加工

任务一 中级工加工练习

任务导入

如图 2-11 所示，毛坯尺寸为 100 mm × 80 mm × 26 mm，工件材料为硬铝，要求编制该零件的数控加工程序，并在数控铣床上进行加工。

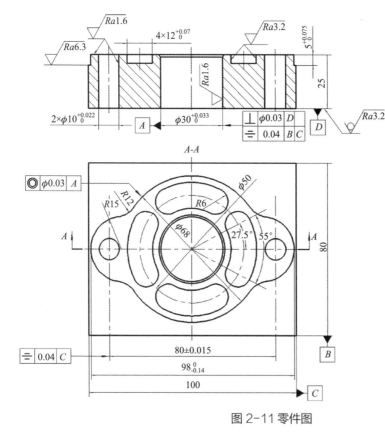

技术要求：
1. 未注公差尺寸按 GB/T 1804—m。
2. 未注倒角 C1。
3. 不允许使用砂布、锉刀等修饰加工面。

图 2-11 零件图

任务提示

一、任务描述

作为一名高职院校数控技术专业的学生，需要通过数控车铣"1+X"中级考试，在本门课程快要接近尾声时，老师出了一道中级试题（零件图见图 2-11），请同学完成整个任务。

二、工作方法

（1）读图后分析问题，可以使用的材料有课本内容、刀具样本等。

（2）以小组讨论的形式完成工作计划。

（3）按照工作计划，完成加工工艺卡的填写、数控编程与加工任务。对于工作中出现的问题，尽量先自行解决，如无法解决再与培训教师进行讨论。

（4）培训过程中与培训教师讨论，进行工作总结。

三、工作内容

（1）分析零件图样，拟定工作路线。

（2）刀、量、夹具及加工参数选择。

（3）节点坐标计算。

（4）数控编程与调试。

（5）零件加工与检测。

（6）工具、设备、现场 6S 和 TPM 管理。

四、工具

（1）平口钳。

（2）扳手。

（3）平行垫铁。

（4）塑胶锤子。

（5）游标卡尺。

（6）深度游标卡尺。

（7）游标万能角度尺。

（8）百分表及表座。

（9）表面粗糙度样板。

（10）立铣刀。

（11）键槽铣刀。

（12）镗刀。

（13）中心钻、麻花钻、锪钻、铰刀。

五、知识储备

（1）切削要素。

（2）切削用量。

（3）走刀进给路线。

（4）圆弧槽加工。

（5）镗孔加工。

（6）圆弧插补指令 G02、G03。

（7）刀具半径补偿指令 G41、G42、G40。

（8）刀具长度补偿指令 G43、G44、G49。

（9）子程序 M98、M99。

（10）坐标系旋转指令 G68、G69。

（11）极坐标指令 G15、G16。

六、注意事项与工作提示

（1）机床只能由一人操作，不可多人同时操作。

（2）穿实训鞋服、佩戴防护眼镜。

（3）加工时，工件必须夹紧。

（4）停机测量工件时，应将工件移出，避免人体被刀具误伤。

（5）配制切削液时，应戴防护手套，防止切削液对皮肤造成腐蚀性伤害。

（6）毛坯必须去毛刺。

七、劳动安全

（1）严格遵守车间安全标志的指示。

（2）工件去毛刺，避免划伤。

八、环境保护

（1）不可随意倾倒切削液，应遵从实训中心 6S 管理规定进行处理。

（2）切屑应放置在指定废弃处。

工作过程

一、信息

（1）写出坐标系旋转指令 G68、G69，极坐标指令 G15、G16 的含义及使用格式。

（2）测量孔径的工具有哪些？

（3）加工圆弧槽的时候需要注意哪些事项？

（4）讨论、分析，确定本零件的数控加工工艺（加工工序、加工基准、加工部位和刀具路径等），并估算加工时间和加工成本。

二、计划

小组讨论后，完成小组成员分工表（见表 2-47）和工作计划流程表（见表 2-48）。

表 2-47　小组成员分工表

成员姓名	职务	小组中的任务分工	备注

表 2-48　工作计划流程表

序号	工作内容	工作时间 / 分钟	执行人
1			
2			
3			
4			
5			

三、决策

完成工、量、刃、辅具及材料表（见表2-49）和数控加工工序卡（见表2-50）。

表2-49　工、量、刃、辅具及材料表

种类	序号	名称	规格	精度	数量	备注
工具						
量具						
刃具						
辅具						
材料						

表2-50　数控加工工序卡

数控加工工序卡				产品型号		零件图号	
				产品名称		零件名称	
材料牌号		毛坯种类		毛坯外形尺寸		备注	
工序号	工序名称	设备名称	设备型号	程序编号	夹具代号	夹具名称	切削液	车间
工步号	工步内容	刀具号	刀具	量具	主轴转速 /r·min⁻¹	切削速度 /m·min⁻¹	进给速度 /mm·min⁻¹	背吃刀量 /mm	备注
编制		审核		批准				共　页	第　页

四、实施

（1）写出数控加工程序清单（见表2-51，可附页）。

表2-51　数控加工程序清单

数控加工程序清单		组别	学号	姓名
模块名称		使用设备	成绩	
零件图号		数控系统		
程序名		子程序名		
				说明

（2）记录仿真和实际加工实施过程中出现的与决策结果不一致的情况和出现异常的情况。或者记录仿真和实际加工步骤。

原计划：　　　　　　　　　　实际计划：

五、检查

学生和教师分别用量具或者量规检查已经加工好的零件或部件，评价是否达到要求的质量特征值，并分别把学生自评和教师检查的分值结果填入"工件质量及职业行为与素养过程评分表"（见表2-52）中的"学生自评"和"教师检查"栏。

重要说明：

（1）当学生的评分和教师的评分一致时，得分为教师评分；当教师检查的实际尺寸与学生测量的实际尺寸不同时，以教师的测量结果为准。

（2）学生测得的实际尺寸在检测报告的评价中不予考虑，仅供学生自我反思。

（3）灰底处由教师填写。

六、评价

根据实训场地的安全文明操作规范和6S管理规范，评价自己在任务实施过程中是否遵守相关要求，并把违规和得分情况填入"工件质量及职业行为与素养过程评分表"中。将任务总成绩填入表2-53中。

重要说明：

（1）学生自评本人在任务实施过程中的职业行为与素养，总分100分。非重大失误，每次扣2分；重大失误每次扣5分，并对扣分原因做简要说明。

（2）教师根据学生的自评进行检查，"教师检查"栏中如情况属实打√，情况不属实打×，如果打"×"该项不得分。

（3）灰底处由教师填写。

表2-52　工件质量及职业行为与素养过程评分表

序号	项目		评分标准	配分	学生自评	教师检查	得分	整改意见
1	轮廓形状		错一处扣5分	10				
2	直径		超差不得分扣3分	20				
3	长度		每超差一处扣5分	20				
4	圆弧		超差不得分	20				
5	几何公差		超差一处扣3分	10				
6	外观	表面粗糙度	增大一级扣1分	5				
		倒角、倒锐	每超差一处扣2分	10				
		有无损伤	有损伤不得分	5				
工件质量总分 =								
1	安全文明操作及6S管理规范（共75分）		工具、量具混放扣2分	10				
2			量具掉地上每次扣2分	10				
3			量具测量方法不对扣2分	5				
4			未填写6S管理点检表扣5分	10				
5			未穿工作服扣5分	10				
6			工作服穿戴不整齐、不规范扣2分	10				
7			工具、量具摆放不整齐每次扣2分	5				
8			操作工位旁不整洁每次扣2分	5				

续表

序号	项目	评分标准	配分	学生自评	教师检查	得分	整改意见
9	安全文明操作及6S管理规范（共75分）	操作时发生安全小事故扣5分	10				
10	否决项，违反其中一项，职业行为与素养0分处理	不服从实训安排					
11		严重违反安全与文明生产规程					
12		违反设备操作规程					
13		发生重大事故					
14	TPM管理（共25分）	TPM管理点检表填写不完全每处扣2分	10				
15		TPM管理执行（扣5-3-0三个等次）	5				
16		未填写TPM点检表	10				
				职业行为与素养得分 =			

表2-53　任务总成绩计算

序号	各部分成绩	权重	中间成绩
1	零件自评检测	0.4	
2	职业行为与素养	0.3	
3	工作页评价	0.3	
		总成绩：	

总结与提高

（1）描述本次任务的内容。思考自己设计的加工工艺和所编程序能否进一步优化。如果可以，应该怎样优化？

（2）总结收获和体会（学到了哪些知识，在工作过程中犯了哪些错误，怎么解决的）。

（3）思考题。

①孔之间的中心距如何测量？

②如何避免孔壁上出现震纹？

③加工圆弧槽时，要注意哪些问题？

④你觉得自己在哪些方面没有做好？如果重新做，你会如何改进？在后面的任务中你将注意哪些问题？

任务小结

本次任务的**知识目标**主要是能够读懂零件图；掌握镗孔加工固定循环指令及使用方法；掌握坐标系偏转指令及使用方法；掌握镜向加工指令及使用方法；掌握圆弧槽加工工艺制订方法。**能力目标**是掌握寻边器的使用方法；熟练掌握使用刀具长度补偿、半径补偿控制精度；会选择适当的量具检测工件；掌握数控加工中心基本操作；会对数控加工中心进行保养，能做好现场 6S 管理和 TPM 管理。

工艺知识：切削用量、莫氏圆锥、孔加工工艺步骤、切削液。

刀具知识：刀具类型、刀具磨损。

测量知识：光滑塞规、内径千分尺。

夹具知识：平口钳。

编程知识：镜向加工指令、坐标系旋转加工指令、镗孔固定循环指令。

情境模块三　零件综合加工 任务二　高级工加工练习1	姓名：	班级：
	日期：	工作页评价：

任务二　高级工加工练习 1

📋 任务导入

如图 2-12 所示，毛坯尺寸为 80 mm × 80 mm × 20 mm，工件材料为硬铝，上、下平面及周边侧面已完成加工，要求编制该零件的数控加工程序，并在数控铣床上进行加工。

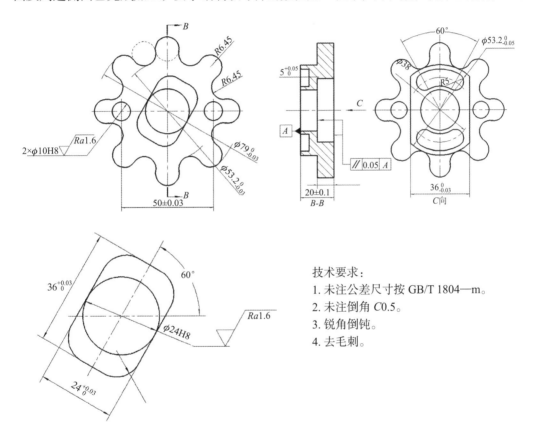

技术要求：
1. 未注公差尺寸按 GB/T 1804—m。
2. 未注倒角 C0.5。
3. 锐角倒钝。
4. 去毛刺。

图 2-12　零件图

📝 任务提示

一、任务描述

作为一名高职院校数控技术专业的学生，需要通过数控铣高级工的考试，在本门课程快要接近尾声时，老师出了

一道高级工测试题（零件图见图 2-12），请同学完成整个任务。

二、工作方法

（1）读图后分析问题，可以使用的材料

有课本内容、刀具样本等。

（2）以小组讨论的形式完成工作计划。

（3）按照工作计划，完成加工工艺卡的填写、数控编程与加工任务。对于工作中出现的问题，尽量自行解决，如无法解决再与培训教师进行讨论。

（4）培训过程中与培训教师讨论，进行工作总结。

三、工作内容

（1）分析零件图样，拟定工作路线。

（2）刀、量、夹具及加工参数选择。

（3）节点坐标计算。

（4）数控编程与调试。

（5）零件加工与检测。

（6）工具、设备、现场 6S 和 TPM 管理。

四、工具

（1）平口钳。

（2）扳手。

（3）垫铁。

（4）塑胶锤子。

（5）游标卡尺。

（6）百分表及表座。

（7）表面粗糙度样板。

（8）立铣刀。

五、知识储备

（1）切削要素。

（2）切削用量。

（3）复杂零件的加工工艺分析。

（4）用 CAD 绘图软件计算基点坐标。

（5）极坐标编程。

（6）圆周均布相同轮廓的编程技巧。

六、注意事项与工作提示

（1）机床只能由一人操作，不可多人同时操作。

（2）穿实训鞋服、佩戴防护眼镜。

（3）加工时，工件必须夹紧。

（4）停机测量工件时，应将工件移出，避免人体被刀具误伤。

（5）配制切削液时，应戴防护手套，防止切削液对皮肤造成腐蚀性伤害。

七、劳动安全

（1）严格遵守车间安全标志的指示。

（2）工件去毛刺，避免划伤。

八、环境保护

（1）不可随意倾倒切削液，应遵从实训中心 6S 管理规定进行处理。

（2）切屑应放置在指定废弃处。

工作过程

一、信息

（1）分析图纸，列出图纸零件的结构特点，并分析可以用哪些指令加工更方便。

（2）极坐标和直角坐标有什么不同？极坐标编程适合应用于哪些场合？

（3）列出加工型腔的三种下刀方法并分析其优缺点。

二、计划

小组讨论后，完成小组成员分工表（见表 2-54）和工作计划流程表（见表 2-55）。

表 2-54　小组成员分工表

成员姓名	职务	小组中的任务分工	备注

表 2-55　工作计划流程表

序号	工作内容	工作时间 / 分钟	执行人
1			
2			
3			
4			
5			

三、决策

完成工、量、刃、辅具及材料表（见表 2-56）和数控加工工序卡（见表 2-57）。

表 2-56　工、量、刃、辅具及材料表

种类	序号	名称	规格	精度	数量	备注
工具						

续表

种类	序号	名称	规格	精度	数量	备注
量具						
刃具						
辅具						
材料						

表 2-57　数控加工工序卡

数控加工工序卡			产品型号		零件图号			
			产品名称		零件名称			
材料牌号		毛坯种类		毛坯外形尺寸		备注		
工序号	工序名称	设备名称	设备型号	程序编号	夹具代号	夹具名称	切削液	车间

工步号	工步内容	刀具号	刀具	量具	主轴转速 /r·min⁻¹	切削速度 /m·min⁻¹	进给速度 /mm·min⁻¹	背吃刀量 /mm	备注
编制		审核	批准				共　页	第　页	

四、实施

（1）写出数控加工程序清单（见表 2-58，可附页）。

表 2-58　数控加工程序清单

数控加工程序清单		组别	学号	姓名
模块名称		使用设备		成绩
零件图号		数控系统		
程序名		子程序名		
			说明	

（2）记录仿真和实际加工实施过程中出现的与决策结果不一致的情况和出现异常的情况。或者记录仿真和实际加工步骤。

原计划：　　　　　　　　实际计划：

五、检查

学生和教师分别用量具或者量规检查已经加工好的零件或部件，评价是否达到要求的质量特征值，并分别把学生自评和教师检查的分值结果填入"工件质量及职业行为与素养过程评分表"（见表2-59）中的"学生自评"和"教师检查"栏。

重要说明：

（1）当学生的评分和教师的评分一致时，得分为教师评分；当教师检查的实际尺寸与学生测量的实际尺寸不同时，以教师的测量结果为准。

（2）学生测得的实际尺寸在检测报告的评价中不予考虑，仅供学生自我反思。

（3）灰底处由教师填写。

六、评价

根据实训场地的安全文明操作规范和6S管理规范，评价自己在任务实施过程中是否遵守相关要求，并把违规和得分情况填入"工件质量及职业行为与素养过程评分表"中。将任务总成绩填入表2-60中。

重要说明：

（1）学生自评本人在任务实施过程中的职业行为与素养，总分100分。非重大失误，每次扣2分；重大失误每次扣5分，并对扣分原因做简要说明。

（2）教师根据学生的自评进行检查，"教师检查"栏中如情况属实打√，情况不属实打×，如果打"×"该项不得分。

（3）灰底处由教师填写。

表2-59　工件质量及职业行为与素养过程评分表

序号	项目	评分标准	配分	学生自评	教师检查	得分	整改意见
1	轮廓形状	错一处扣5分	10				
2	直径	超差不得分扣3分	20				
3	长度	每超差一处扣5分	20				
4	圆弧	超差不得分	20				

续表

序号	项目		评分标准	配分	学生自评	教师检查	得分	整改意见
5	几何公差		超差一处扣 3 分	10				
6	外观	表面粗糙度	增大一级扣 1 分	5				
		倒角、倒锐	每超差一处扣 2 分	10				
		有无损伤	有损伤不得分	5				
			工件质量总分 =					
1	安全文明操作及 6S 管理规范（共 75 分）		工具、量具混放扣 2 分	10				
2			量具掉地上每次扣 2 分	10				
3			量具测量方法不对扣 2 分	5				
4			未填写 6S 管理点检表扣 5 分	10				
5			未穿工作服扣 5 分	10				
6			工作服穿戴不整齐、不规范扣 2 分	10				
7			工具、量具摆放不整齐每次扣 2 分	5				
8			操作工位旁不整洁每次扣 2 分	5				
9			操作时发生安全小事故扣 5 分	10				
10	否决项，违反其中一项，职业行为与素养 0 分处理		不服从实训安排					
11			严重违反安全与文明生产规程					
12			违反设备操作规程					
13			发生重大事故					
14	TPM 管理（共 25 分）		TPM 管理点检表填写不完全每处扣 2 分	10				

续表

序号	项目	评分标准	配分	学生自评	教师检查	得分	整改意见
15	TPM 管理（共 25 分）	TPM 管理执行（扣 5-3-0 三个等次）	5				
16		未填写 TPM 点检表	10				
				职业行为与素养得分 =			

表 2-60　任务总成绩计算

序号	各部分成绩	权重	中间成绩
1	零件自评检测	0.4	
2	职业行为与素养	0.3	
3	工作页评价	0.3	
总成绩：			

总结与提高

（1）描述本次任务的内容。思考自己设计的加工工艺和所编程序能否进一步优化。如果可以，应该怎样优化？

（2）总结收获和体会（学到了哪些知识，在工作过程中犯了哪些错误，怎么解决的）。

（3）思考题。

①你觉得自己在哪些方面没有做好？如果重新做，你会如何改进？在后面的任务中你将注意哪些问题？

②对于圆周均布相同轮廓的零件，总结其编程技巧。

📋 **任务小结**

　　本次任务的**知识目标**主要是掌握复杂零件的编程与加工方法；掌握如何根据零件特征优化编程；掌握复杂零件的加工工艺安排；掌握利用 CAD 软件计算基点坐标的方法。**能力目标**主要是会安排复杂零件加工路线；会用极坐标指令、坐标系偏移指令、子程序等编程指令编制程序；掌握数控铣床基本操作；会对数控铣床进行保养，能做好现场 6S 管理和 TPM 管理。

　　工艺知识：平面铣削刀具相关知识，合理选择刀具和切削参数，正确编制平面零件铣削加工工艺。

　　刀具知识：刀具类型、刀位点。

　　测量知识：游标卡尺、百分表。

　　夹具知识：平口钳。

　　编程知识：G15、G16；G68、G69；M98、M99。

任务三 〉 **高级工加工练习２**

📋 任务导入

　　如图 2-13 所示，试编写椭圆凸台外形轮廓零件的数控加工程序，并完成加工。毛坯尺寸为 100 mm × 80 mm × 21 mm，材料为 45 号钢。

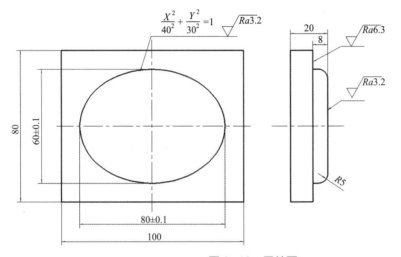

图 2-13　零件图

📋 任务提示

一、任务描述

　　作为一名高职院校数控技术专业的学生，在数控车学习的过程中，已经学习了宏程序编程，试一试使用学习过的宏程序知识，编写出椭圆凸台外形轮廓零件的程序，祝大家顺利完成任务。

二、工作方法

（1）读图后分析问题，可以使用的材料有课本内容、刀具样本等。

（2）以小组讨论的形式完成工作计划。

（3）按照工作计划，完成加工工艺卡的填写、数控编程与加工任务。对于工作中出现的问题，尽量自行解决，如无法解决再与培训教师进行讨论。

（4）培训过程中与培训教师讨论，进行工作总结。

三、工作内容

（1）分析零件图样，拟定工作路线。

（2）刀、量、夹具及加工参数选择。

（3）宏程序编程与调试。

（4）零件加工与检测。

（5）工具、设备、现场 6S 和 TPM 管理。

四、工具

（1）塑胶锤子。

（2）游标卡尺。

（3）百分表及表座。

（4）表面粗糙度样板。

（5）立铣刀。

（6）球头铣刀。

五、知识储备

（1）正确选择曲面加工刀具，选择合适的切削用量参数，填写加工工序卡。

（2）变量及变量的表示、引用和赋值方法。

（3）变量之间的算数和逻辑运算的格式和使用方法。

（4）转移和循环语句。

六、注意事项与工作提示

（1）机床只能由一人操作，不可多人同时操作。

（2）穿实训鞋服、佩戴防护眼镜。

（3）加工时，工件必须夹紧。

（4）停机测量工件时，应将工件移出，避免人体被刀具误伤。

（5）配制切削液时，应戴防护手套，防止切削液对皮肤造成腐蚀性伤害。

（6）毛坯必须去毛刺。

七、劳动安全

（1）严格遵守车间安全标志的指示。

（2）工件去毛刺，避免划伤。

八、环境保护

（1）不可随意倾倒切削液，应遵从实训中心 6S 管理规定进行处理。

（2）切屑应放置在指定废弃处。

 工作过程

一、信息

（1）曲面加工可以采用哪些刀具？

（2）在使用球头铣刀加工曲面时，刀具与加工表面是什么接触形式？

（3）一般采用什么走刀方法加工曲面，对曲面加工精度有什么影响？

（4）写出椭圆的参数方程并说明参数的含义。

（5）查资料，写出"大于""小于""等于"在程序中表示的方法；说明 WHILE、DO、END 语句的含义。

（6）如果代数中 $a=b+10$，$b=2$ 时，a 为多少？现在用 #1 表示表示 a，#2 表示 b，试写出对应的代数式。

（7）讨论、分析，确定本零件的数控加工工艺（加工工序、加工基准、加工部位和刀具路径等），并估算加工时间和加工成本。

二、计划

小组讨论后，完成小组成员分工表（见表 2-61）和工作计划流程表（见表 2-62）。

表 2-61　小组成员分工表

成员姓名	职务	小组中的任务分工	备注

表 2-62　工作计划流程表

序号	工作内容	工作时间 / 分钟	执行人
1			
2			
3			
4			
5			

三、决策

完成工、量、刃、辅具及材料表（见表 2-63）和数控加工工序卡（见表 2-64）。

表 2-63　工、量、刃、辅具及材料表

种类	序号	名称	规格	精度	数量	备注
工具						
量具						
刃具						
辅具						
材料						

表2-64　数控加工工序卡

数控加工工序卡			产品型号			零件图号			
			产品名称			零件名称			
材料牌号		毛坯种类		毛坯外形尺寸		备注			
工序号	工序名称	设备名称		设备型号	程序编号	夹具代号	夹具名称	切削液	车间
工步号	工步内容	刀具号	刀具	量具	主轴转速 /r·min⁻¹	切削速度 /m·min⁻¹	进给速度 /mm·min⁻¹	背吃刀量 /mm	备注
编制		审核		批准				共　页	第　页

四、实施

（1）写出数控加工程序清单（见表2-65，可附页）。

表2-65 数控加工程序清单

数控加工程序清单			组别	学号	姓名
模块名称		使用设备		成绩	
零件图号		数控系统			
程序名		子程序名			
					说明

（2）记录仿真和实际加工实施过程中出现的与决策结果不一致的情况和出现异常的情况。或者记录仿真和实际加工步骤。

原计划： 实际计划：

五、检查

学生和教师分别用量具或者量规检查已经加工好的零件或部件，评价是否达到要求的质量特征值，并分别把学生自评和教师检查的分值结果填入"工件质量及职业行为与素养过程评分表"（见表2-66）中的"学生自评"和"教师检查"栏。

重要说明：

（1）当学生的评分和教师的评分一致时，得分为教师评分；当教师检查的实际尺寸与学生测量的实际尺寸不同时，以教师的测量结果为准。

（2）学生测得的实际尺寸在检测报告的评价中不予考虑，仅供学生自我反思。

（3）灰底处由教师填写。

六、评价

根据实训场地的安全文明操作规范和6S管理规范，评价自己在任务实施过程中是否遵守相关要求，并把违规和得分情况填入"工件质量及职业行为与素养过程评分表"

中。将任务总成绩填入表 2-67 中。

重要说明：

（1）学生自评本人在任务实施过程中的职业行为与素养，总分 100 分。非重大失误，每次扣 2 分；重大失误每次扣 5 分，并对扣分原因做简要说明。

（2）教师根据学生的自评进行检查，"教师检查"栏中如情况属实打√，情况不属实打 ×，如果打"×"该项不得分。

（3）灰底处由教师填写。

表 2-66　工件质量及职业行为与素养过程评分表

序号	项目		评分标准	配分	学生自评	教师检查	得分	整改意见
1	轮廓形状		错一处扣 5 分	10				
2	圆弧		超差不得分	30				
3	长度		每超差一处扣 10 分	40				
4	外观	表面粗糙度	增大一级扣 1 分	5				
		倒角、倒锐	每超差一处扣 2 分	10				
		有无损伤	有损伤不得分	5				
			工件质量总分 =					
1	安全文明操作及 6S 管理规范（共 75 分）		工具、量具混放扣 2 分	10				
2			量具掉地上每次扣 2 分	10				
3			量具测量方法不对扣 2 分	5				
4			未填写 6S 管理点检表扣 5 分	10				
5			未穿工作服扣 5 分	10				
6			工作服穿戴不整齐、不规范扣 2 分	10				
7			工具、量具摆放不整齐每次扣 2 分	5				
8			操作工位旁不整洁每次扣 2 分	5				
9			操作时发生安全小事故扣 5 分	10				

续表

序号	项目	评分标准	配分	学生自评	教师检查	得分	整改意见
10	否决项，违反其中一项，职业行为与素养0分处理	不服从实训安排					
11		严重违反安全与文明生产规程					
12		违反设备操作规程					
13		发生重大事故					
14	TPM管理（共25分）	TPM管理点检表填写不完全每处扣2分	10				
15		TPM管理执行（扣5-3-0三个等次）	5				
16		未填写TPM点检表	10				
					职业行为与素养得分=		

表2-67　任务总成绩计算

序号	各部分成绩	权重	中间成绩
1	零件自评检测	0.4	
2	职业行为与素养	0.3	
3	工作页评价	0.3	
		总成绩：	

总结与提高

（1）描述本次任务的内容。思考自己设计的加工工艺和所编程序能否进一步优化。如果可以，应该怎样优化？

（2）总结收获和体会（学到了哪些知识，在工作过程中犯了哪些错误，怎么解决的）。

（3）思考题。

①如果本次加工的椭圆凸台顺时针旋转 30°，加工程序应该怎样编写？

②如何验证宏程序的正确性？

③你觉得自己在哪些方面没有做好？如果重新做，你会如何改进？在后面的任务中你将注意哪些问题？

任务小结

本次任务的**知识目标**主要是能够读懂零件图；了解 FANUC 系统数控铣削 B 类宏程序的指令格式和编程思路，初步掌握简单宏程序的编写方法。**能力目标**主要是能合理设定工件坐标系；能根据几何图形特征计算变量值；能运行宏程序完成零件的数控铣削加工；会对数控加工中心进行保养，能做好现场 6S 管理和 TPM 管理。

工艺知识：切削用量。

刀具知识：刀具类型、刀具磨损。

测量知识：对刀仪，表面粗糙度样板。

夹具知识：平口钳。

编程知识：FANUC 系统 B 类宏程序指令。